Sandra Honigs | Markus Juschka

111 Reptilien, die täglich unsere Welt verbessern

111

emons:

Bibliografische Information der Deutschen Nationalbibliothek
Die Deutsche Nationalbibliothek verzeichnet diese Publikation in der Deutschen Nationalbibliografie; detaillierte bibliografische Daten sind im Internet über http://dnb.d-nb.de abrufbar.

FSC
www.fsc.org
MIX
Papier | Fördert gute Waldnutzung
FSC® C083411

Layout: Eva Kraskes, nach einem Konzept
von Lübbeke | Naumann | Thoben
Druck und Bindung: CPI – Clausen & Bosse, Leck
Printed in Germany 2023
ISBN 978-3-7408-1275-1

Vorwort

Reptilien regen seit jeher die Phantasie der Menschen an. Die Traumwelt Hollywoods nutzt diese diverse Tiergruppe gerne als Vorlage für zahlreiche Filmmonster und erschuf ein Bild dieser Tiere, das von der Realität meilenweilt entfernt ist. Krokodile, Schlangen und Warane sind keine menschenfressenden Bestien, sondern empfindsame, intelligente Wesen, hervorragend an ihre Umwelt angepasst und mit wunderbaren Verhaltensweisen, die uns oft erstaunen. Und obwohl zum Beispiel die Krokodile schon zu Zeiten der Dinosaurier existierten und wir viel Zeit gehabt hätten, sie kennenzulernen, wissen wir heute vergleichsweise wenig über die Panzerechsen. Was wir aber wissen, ist, dass Krokodile mehr mit Vögeln gemeinsam haben als mit Echsen. »Panzerechse« ist also doppelt irreführend. Zudem wird der Begriff »Reptil« hier verwendet, um allgemein verständlich zu bleiben. Denn Schildkröten und Krokodile sind streng genommen keine Reptilien.

Aufgrund diverser Merkmale werden Tiergruppen eingeteilt und zueinandergestellt. So stehen Krokodile den Vögeln nahe, Schlangen und Echsen bilden die Schuppenkriechtiere, die Brückenechse ist die letzte Vertreterin ihrer Gruppe, und die Schildkröten sind am weitesten von allen entfernt. Manchmal nicht so einfach. Was jedoch einfach ist: sich für diese phantastischen Tiere zu begeistern. Sich in ihren Bann ziehen zu lassen und beeindruckt zu sein von dem, was die Evolution diesen so verschiedenartigen Tiergruppen mit auf den Weg gegeben hat, die wir trotz aller Unterschiede dennoch alle als Reptilien ansprechen.

Reptilien sind die »underdogs« im Tierreich, denen wenig Beachtung geschenkt wird, dabei sind viele Arten stark bedroht. Daher setzen wir uns für ihren Schutz und den Erhalt ihrer Lebensräume ein. Wir freuen uns, dass Sie uns durch den Kauf dieses Buches dabei unterstützen, denn unser Honorar kommt direkt den Reptilienschutzprojekten der ZGAP zugute.

111 Reptilien

1 Aldabra-Riesenschildkröte

Die größte der Landschildkröten

Einst gab es auf vielen Inseln des Indischen Ozeans Riesenschildkröten, bis der Mensch herbeisegelte und sie mitnahm. Die Riesenschildkröten der Seychellen sind die letzten verbliebenen Riesen, von denen es vier Unterarten gab. Arnolds Riesenschildkröte *Aldabrachelys gigantea arnoldi* mit nach vorne hoch ausgezogenem Rückenpanzer und die Seychellen-Riesenschildkröte *Aldabrachelys gigantea hololissa* stehen kurz vor der Ausrottung. Sie galten schon als ausgestorben, jedoch konnten kleine Gruppen wiederentdeckt werden. Die Unterart *Aldabrachelys gigantea daudinii* ist leider bereits ausgerottet. Die sogenannte Nominatform *Aldabrachelys gigantea gigantea* ist jene Art, die am weitesten in der Welt herumgekommen und zumeist auch in zoologischen Gärten zu sehen ist. So wie der hier abgebildete Bernhard (122 Jahre). Er lebt seit 1961 im Zoo Krefeld ein ruhiges und sicheres Leben mit seinen jungen Damen Ellie (89) und Mathilda (54).

Die Männchen sind wahre Gentleman-Schildkröten, weder verbeißen sie sich in ihren Damen, noch grunzen sie allzu laut, generell verhalten sie sich sehr diskret. Allerdings werben sie auch nicht lange um die Auserwählte und kommen gleich zur Sache. Die fünf bis 19 tennisballgroßen Eier sind, je nachdem auf welcher Insel des Atolls die Tiere leben, verschieden schwer. Nach rund 85 bis 157 Tagen schlüpfen die jungen Schildkröten, die mit 30 Gramm eine leichte Beute für zahlreiche Jäger darstellen. Besonders eingeschleppte Ratten machen es dem seltenen Nachwuchs schwer, und so ist die Überlebensrate der Jungschildkröten gering.

Die Nachzucht der Tiere, auch außerhalb ihres natürlichen Lebensraumes, ist zur Erhaltung dieser faszinierenden Art sehr wichtig, zumal das Atoll zunehmend von Stürmen und anderen Umweltkatastrophen sowie dem Klimawandel beeinflusst wird. Die kleine Population des Biosphärenreservats könnte rasch empfindlich dezimiert werden.

Art, Familie *Aldabrachelys gigantea gigantea*, Landschildkröten (Testudinidae) | **Vorkommen** Seychellen (Aldabra-Atoll), eingeführt in Tansania (Sansibar) und auf Mauritius | **Habitat** Grasland, Steppe | **Größe** Männchen bis 123 Zentimeter Panzerlänge, 310 Kilogramm, Weibchen bis 97 Zentimeter Panzerlänge | **Nahrung** Gras, Früchte, Blüten | **Bedrohungsstatus** nach Roter Liste gefährdet | **Merke** Eine anatomische Anpassung ermöglicht das Trinken von Wasser durch die Nase. Hierzu steckt die Schildkröte die Nase senkrecht in flaches Wasser und atmet tief ein.

2 Apothekerskink

Schneidige Echse mit Durchsetzungskraft

Der sandfarbene Apothekerskink lebt in den heißen Wüsten Nordafrikas und dem Nahen Osten in einer lebensfeindlichen Umgebung. Sandige Winde, heiße Tagestemperaturen und starke Temperaturschwankungen zur oftmals kühlen Nacht sind nicht gerade ideale Voraussetzungen für ein angenehmes Leben. Dieser Skink hat sich jedoch hervorragend angepasst!

Geschmeidig bewegt er sich im Sandboden, und dies ohne große Kraftanstrengung. Dank der besonderen Kopfform und seiner sehr glatten Oberfläche ist der Skink besonders energieeffizient unterwegs. Die Haut bietet dem Sand kaum Widerstand und ist gegen Abrieb unempfindlich. Diese Echse wird auch Sandfisch genannt, was ihre Bewegung im Sandboden der Wüste hervorragend beschreibt, denn sie »schwimmt« praktisch im feinen Substrat. Damit ist der Apothekerskink ein Vorbild für Ingenieure beim Bau von Bodenbohrern. Bohrköpfe, die sich ebenso geschmeidig und mit wenig Kraftaufwand durch den Erdboden arbeiten könnten wie der Kopf des Apothekerskinks, würden Tunnelbauten und bodenbearbeitende Landmaschinen revolutionieren.

Für den Skink ist es von besonderem Vorteil, sich im Sand fortzubewegen, anstatt auf ihm. Zum einen ist es unter der Oberfläche kühler, und zum anderen können ihn hier Beutegreifer nicht entdecken. Eingegraben im Sand kann der Skink Beutetiere, die sich in 15 Zentimeter Entfernung bewegen, durch Vibrationsreize aufspüren. Augen- und Nasenöffnungen sind während des Tauchgangs geschlossen.

Einen Großteil seines Lebens verbringt der Skink eingegraben im Sand. Da stellt sich die Frage, wie das Tier atmen kann, ohne eine üble Staublunge zu bekommen! Die Atemluft verliert rasch an Geschwindigkeit, sobald sie in die Nasenhöhle des Skinks eindringt. Schleim und Härchen fangen Staubpartikel hier ab, bevor diese in die tieferen Atemwege gelangen können. Der gesammelte Dreck wird dann wohl wieder ausgespuckt.

Art, Familie *Scincus scincus*, Skinke (Scincidae) | **Vorkommen** Nord- und Westafrika (Algerien, Mali, Niger, Süd-Tunesien, Libyen, Tschad, Sudan, Ägypten), Arabische Halbinsel, Syrien, Israel, Jordanien, Irak und Iran | **Habitat** Wüste, Sanddünen | **Größe** bis 20 Zentimeter Gesamtlänge | **Nahrung** Insekten, Spinnentiere | **Bedrohungsstatus** nach Roter Liste nicht gefährdet, Population stabil | **Merke** Einst wurde dieser Skink für »Medizinprodukte« zur Steigerung der Fruchtbarkeit und Potenz genutzt. Der frühere Artname *officinalis* verwies noch auf diese Verwendung.

3 Arguswaran

Der allsehende Waran

Ein allsehender Waran mit Argusaugen? Nicht ganz, der Name *panoptes,* »alles sehendes Auge«, rührt von den gelben Augenflecken her, die längs auf dem Körper des großen Warans zu sehen sind. Aufgerichtet auf den Hinterbeinen stehend, verschafft sich der Arguswaran einen prima Rundumblick und behält die Umgebung im Auge. Die Tiere können so auch gut an schwer zugängliche Orte gelangen, um zum Beispiel Nahrung zu erreichen, und sogar auf Bäume klettern.

Dieser Waran ist ein guter Gräber. Gerne hält er sich nachts und in der Trockenzeit in Erdlöchern auf. Auch die Eier werden im Boden vergraben. In besonders trockenen Jahren legen die Weibchen sehr tiefe Nester an. Dies ist wichtig, damit die Eier auch schön feucht bleiben und nicht zu trocken liegen, was für eine gesunde Entwicklung des Embryos im Ei entscheidend ist. Allerdings besteht dabei auch die Gefahr, dass es den Eiern im tiefen Boden zu kühl wird. Ein einmal gewählter Nistplatz kann nicht mehr verändert werden, daher muss er perfekt sein. Eine große Verantwortung für die Waranmutter, die hierfür mit hervorragenden Instinkten ausgestattet sein muss, um eine gute Wahl zu treffen. In besonders trockenen Jahren wurden schon Eier in einer Tiefe von vier Metern gefunden.

Der Arguswaran ist besonders in jenen Regionen zurückgegangen, in denen sich die invasive Aga-Kröte (*Rhinella marina*) ausbreiten konnte. Durch den Verzehr der giftigen Kröte sind ganze Populationen bereits ausgerottet, so um Port Moresby und im Northern Territory. Allerdings bewohnt der Arguswaran auch Regionen, die noch nicht von der Kröte bevölkert sind, sodass von dem giftigen Amphib hier keine Gefahr droht. Forscher haben einigen Arguswaranen beigebracht, dass die Kröten eklig schmecken, damit sie diese Beute meiden – mit Erfolg. Warane sind sehr lernfähige und intelligente Tiere, und diese Gefahr kann der Arguswaran nun kommen sehen.

Art, Familie *Varanus panoptes*, Warane (Varanidae) | Vorkommen West- und Nord-Australien (Queensland, Northern Territory), Süd-Neuguinea, Indonesien (Papua) | Habitat Busch- und Grasland, Wüste, Savanne, Wälder, Küsten- und Überschwemmungsregionen, Mangrovenwälder, Parklandschaften | Größe Männchen bis 160 Zentimeter, Weibchen bis 100 Zentimeter Gesamtlänge | Nahrung Wirbeltiere, Wirbellose, Eier, Aas | Bedrohungsstatus nach Roter Liste nicht gefährdet, Population abnehmend | Merke Beim Arguswaran kommt fakultative parthenogenetische Fortpflanzung vor, also Jungfernzeugung ohne die Anwesenheit eines Männchens. Ein Weibchen kann auch mal allein Eier legen, die sich entwickeln.

4 Arrau-Schienenschildkröte

Einstiger Liebling europäischer Siedler

Der Bestand dieser großen Süßwasserschildkröte wurde besonders im 18. Jahrhundert zur Nahrungsmittelgewinnung, zur Ernte ihrer Eier und ihres Fettes für Speise- und Brennöl dezimiert. Besonders portugiesische Siedler im Amazonas-Regenwald machten Jagd auf die sehr ergiebige und zahlreich zur Verfügung stehende Beute.

Die großen Weibchen nisten einmal im Jahr bei Niedrigwasser, oft gemeinsam, manchmal in großen Gruppen von bis zu 500 Tieren. Vor der Eiablage sonnen sie sich gemeinsam auf dem Sand, um in ihren Körpern die Eier durch die Wärme reifen zu lassen. Sie legen jeweils ein Nest am sandigen, erhöhten Uferstrand des Flusses an und vergraben hier ihre zahlreichen Eier. Im Durchschnitt werden, je nach Größe des Weibchens, 95 bis 100 Stück in ein bis zu 80 Zentimeter tiefes Nest gelegt. Es können auch mal bis zu 180 Eier pro Tier sein. Das Nistverhalten ähnelt dem der Meeresschildkröten. Die Weibchen können die Spermien in Spermatheken, einer vorderen Region des Eileiters, monatelang speichern. Dadurch kann eine Mehrfachvaterschaft vorkommen, die zudem die genetische Variabilität einer Population erhöht. Die jungen Schildkröten schlüpfen nach rund 61,4 Tagen des Nachts und suchen so schnell wie möglich das schützende Gewässer auf.

Die Inkubationstemperatur bestimmt das Geschlecht der Schlüpflinge: Bei 30,5 Grad Celsius sind sie männlich und bei 34,5 Grad Celsius weiblich, bei niedrigeren Temperaturen besteht ein 50:50-Verhältnis. Die ehemaligen Siedler verarbeiteten die Eier zu Öl und Butter, die als »manteiga dos ovos« (Schildkröteneier-Butter) bekannt war. Die leicht zu erbeutenden Tiere wurden in so großer Zahl gejagt, dass ihre Panzer für die kuriosesten Dinge verwendet wurden, so zum Beispiel als Wegepflaster auf schlammigen Pfaden. Bis heute wird diese Art zur Nahrungsmittelgewinnung gejagt, und der Druck auf die Bestände ist groß.

Art, Familie *Podocnemis expansa*, Schienenschildkröten (Podocnemididae) | Vorkommen Bolivien, Brasilien, Kolumbien, Ecuador, Französisch-Guayana (?), Guyana (Essequibo), Peru, Trinidad (unklar), Venezuela | Habitat Flüsse (Orinoco, Amazonas), Lagunen, Teiche, deren Ufer | Größe Männchen bis 75 Zentimeter, Weibchen bis 100 Zentimeter Panzerlänge, 25 bis 40 Kilogramm (das größte jemals gefangene Weibchen wog 90 Kilogramm) | Nahrung hauptsächlich Pflanzen (Blätter, Früchte, Blüten), Kadaver von Fischen, Krebsen, manchmal kleine, lebende Fische, Jungtiere fressen gerne einen Süßwasserschwamm | Bedrohungsstatus nicht in der Roten Liste aufgeführt, nach Schildkrötenexperten der IUCN jedoch stark gefährdet | Merke Als Halswender-Schildkröte kann sie ihren Hals jeweils zur Seite unter den Panzerrand legen, aber nicht in den Panzer zurückziehen.

5 Äskulapnatter

Unsere größte heimische Schlange

Die tagaktive Äskulapnatter ist eine unscheinbare, olivgrün bis braun gefärbte Natter. Mit einer Länge von durchschnittlich 130 Zentimeter ist sie die größte Schlangenart, die in Deutschland heimisch ist. Ihre außergewöhnliche Körpergröße für eine europäische Schlange verrät schon ihr Artname *longissimus*! Trockene Biotope mit Feldsteinmauern und Obstwiesen im südlichen Hessen stellen einen ihrer letzten Rückzugsorte in Deutschland dar.

Auch wenn kaum ein Wanderer oder Naturfreund die Äskulapnatter je leibhaftig zu sehen bekommt, begegnet sie doch jedem von uns regelmäßig. Der Äskulapstab, das Symbol des ärztlichen Standes, findet sich bei jedem Arzt und jeder Apotheke. Sogar Veterinäre und die Weltgesundheitsorganisation (WHO) der Vereinten Nationen tragen die symbolisierte Schlange im Wappen. Der Wanderstab des Asklepios, des griechischen Gottes der Heilkunde, war stets von einer Schlange umwunden – nimmt man an. Hierbei soll es sich um diese ungiftige Natter gehandelt haben. So kam die Äskulapnatter zu ihrem Namen und der symbolträchtigen Aufgabe.

Auch wenn ihr bevorzugter Aufenthaltsort der Erdboden ist, erklettert diese Natternart bei der Nahrungssuche durchaus auch hohe Bäume. Hier stellt sie aktiv Vögeln und deren Küken nach oder stibitzt die Eier. Am Boden jagt sie eher Kleinsäuger, aber auch Eidechsen und Amphibien werden nicht verschmäht. Männliche Äskulapnattern bestreiten miteinander Kommentkämpfe, um sich bei den Weibchen beliebt zu machen und diese zu erobern. Ein paarungsbereites Weibchen wird im Nacken gepackt, dann findet die Kopulation statt. Erwachsene weibliche Äskulapnattern tragen daher oft leichte Verletzungen im Nackenbereich. Aus den bis zu zehn Eiern, die etwa 60 Tage nach der Paarung von den weiblichen Nattern an einem geeigneten Platz mit ausreichender Deckung abgelegt werden, schlüpfen selbstständige Jungtiere.

Art, Familie *Zamenis longissimus*, Nattern (Colubridae) | Vorkommen Südeuropa und Kleinasien (Spanien bis Ukraine, Slowakei bis Griechenland, Türkei, Georgien) | Habitat sonnendurchflutetes Gelände, Gras- und Buschland, Steinbrüche, Wald, bis 2.000 Meter Höhe | Größe maximal 160 Zentimeter Gesamtlänge | Nahrung Kleinsäuger, Vögel, Eidechsen und Eier | Bedrohungsstatus nach Roter Liste in Deutschland stark gefährdet, nach Bundesnaturschutzgesetz und Fauna-Flora-Habitat-Richtline streng geschützt | Merke Die Natter ist zwar nach einem Gott benannt, wird aber kaum so verehrt.

6 Aspisviper

Wenn Männchen länger und schlanker sind

In Deutschland leben zwei Schlangenarten, die zu den Giftschlangen zählen. Mit viel Glück kann man im südlichen Schwarzwald die sonst in Spanien, Frankreich, Italien und der Schweiz lebende Aspisviper beobachten. Diese Viper bevorzugt trockenes und warmes Gelände. Hier sucht sie am frühen Morgen und am späten Nachmittag geeignete Flächen auf, um sich in der Sonne zu aalen. Große Hitze meidet sie lieber. Die Körperfärbung dieser Schlangenart ist sehr variabel. Neben hellgrauen, braunen, rotbraunen, ziegelroten und orange gefärbten Tieren treten auch Exemplare auf, die komplett schwarz gefärbt sind (Melanismus). Die Rückenzeichnung bilden wechselseitig auftretende Querflecken, die auch zu einem Zickzackband verschmelzen können, typisch für diese Art. Vom Auge zum Mundwinkel verläuft ein deutlich sichtbares, dunkles Band. Die männlichen Vertreter dieser Art sind nicht nur länger und schlanker als die Weibchen, sondern besitzen auch eine deutlich dunklere Rückenzeichnung.

Die Weibchen der Aspisviper paaren sich mit mehreren Männchen und sind ovovivipar. Sie bringen bis zu 15 lebende Jungtiere zur Welt, die vor oder direkt bei der Geburt aus dem Ei schlüpfen. Um diese Schönheit im Freiland beobachten zu können, braucht es nicht nur reichlich Glück, sondern auch die richtige Jahreszeit. Von Ende Oktober bis Anfang April zieht sich diese standorttreue Giftschlange in ihr Winterquartier zurück.

Konfrontationen zwischen Mensch und Viper sind selten, da die Schlange immer die Flucht bevorzugt. Sie spürt die Annäherung des Menschen über Bodenvibrationen und zieht sich lieber rechtzeitig zurück. Kommt es dennoch zu einem Bissunfall, sollte immer ein Arzt aufgesucht werden. Auch wenn die Giftmenge bei einem Biss gering ist, führt dieser meist zu Schwellungen und Verfärbungen rund um die Bisswunde. Auch Atemnot und Herzbeschwerden können auftreten.

Art, Familie *Vipera aspis*, Vipern (Viperidae) | **Vorkommen** Zentral- bis Südeuropa (Spanien, Frankreich, Italien, Schweiz) | **Habitat** sonnige Steinbrüche, Schotter- und Geröllfelder, Grasland, bis 3.000 Meter Höhe | **Größe** maximal 90 Zentimeter Gesamtlänge | **Nahrung** Kleinsäuger, Eidechsen, Vögel | **Bedrohungsstatus** nach Roter Liste nicht gefährdet, Population abnehmend; in der Schweiz teils kritisch von Ausrottung bedroht | **Merke** Die Aspisviper ist ab und an auch mal in Deutschland anzutreffen.

7 Australische Wasseragame

Wandler zwischen den Welten

Die tagaktive Wasseragame lebt an Land und im Wasser. Gerne liegt sie auf Ästen über dem Gewässer und flüchtet sich bei Gefahr durch einen beherzten Sprung ins Wasser. Hier bewegt sie sich geschickt schlängelnd voran und kann so rasch flüchten. Heute leben Wasseragamen oft innerhalb der Städte Australiens, inmitten von Parks und großen Gärten. Hier stehen die Tiere urbanen Gefahren und häufigeren Störungen gegenüber als im relativ ungestörten, natürlichen Habitat. Populationen, die in Städten leben, kommen dort in größerer Individuenzahl vor als auf gleich großem Terrain in natürlicher Umgebung. Da die Tiere Reviere bilden und diese auch verteidigen, kommt es unter den Agamen in der Stadt vermehrt zu Beißattacken und Streit. Der Feind lauert somit unter ihnen, da die Tiere sich gegenseitig Stress verursachen. Ihr Sozialverhalten ist komplex und hängt von der Geschlechterzusammensetzung, der Altersstruktur und den Charakteren der Individuen einer Gruppe ab. In Städten ist nur begrenzt Platz, und Ausweichen ist kaum möglich. Das Wachstum der Population der großen Echsen hat hier Grenzen. Konflikte sind vorprogrammiert.

Im Alter von drei bis fünf Jahren werden die Tiere geschlechtsreif, wobei die Weibchen kleiner sind als die kräftigen und intensiver gefärbten Männchen. Ein Weibchen kann mehrfach im Jahr Eier legen, stets vier bis fünf pro Gelege. Nach 68 bis 120 Tagen schlüpfen die jungen Agamen.

John Edward Gray (1800–1875) benannte diese Art 1831 mit ihrem wissenschaftlichen Artnamen *Intellagama lesueurii* nach dem Franzosen Charles Alexandre Lesueur (1778–1846). Er war ein Künstler und Naturforscher, der zu Beginn des 19. Jahrhunderts auf bedeutenden Expeditionen Australien bereiste und gemeinsam mit Kollegen über 100.000 Arten dokumentierte, darunter auch diese Echse. Nach ihm sind auch der Mount Lesueur und der Lesueur-Nationalpark benannt.

Art, Familie *Intellagama lesueurii*, Agamen (Agamidae) | Vorkommen Ostküste Australiens (von Cooktown in Queensland bis Gippsland in Victoria), einzelne Populationen in Adelaide, Südaustralien und in Charleville (Queensland), wahrscheinlich dort eingeführt | Habitat Wald, Uferbereiche von Flussläufen, Kulturfolger in Parks | Größe 50–90 Zentimeter Gesamtlänge | Nahrung Insekten, Amphibien, deren Larven, Fische, Krebse, kleine Landwirbeltiere, Früchte, Beeren, Algen, menschliche Essensreste | Bedrohungsstatus nach Roter Liste nicht gefährdet, Population stabil | Merke Neben der Nominatform *Intellagama lesueurii lesueurii* ist die Gippsland Australische Wasseragame (*Intellagama lesueurii howittii*) bekannt.

8 Australisches Süßwasserkrokodil

Australiens kleines Krokodil

Liebevoll nennen die Australier ihr Süßwasserkrokodil »Freshie«, im Gegensatz zum viel größeren »Saltie«, dem ebenfalls hier heimischen Salzwasserkrokodil. Dieses kann dem Menschen wesentlich gefährlicher werden als das kleine Freshie. Mit seiner langen, schmalen Schnauze ist das kleine Krokodil gut zu erkennen. Ruhig im flachen Wasser liegend jagt es, indem es mit einer blitzartigen seitlichen Bewegung seines Kopfes nach der Beute schnappt, sobald diese vorbeischwimmt.

Freshies sind untereinander sehr tolerant und brüten auch in relativ enger Nachbarschaft zueinander. In einer Mulde im Sandboden vergräbt das Weibchen zwölf bis 24 Eier. Bei einer Temperatur von 29 bis 34 Grad Celsius schlüpfen die Jungen nach etwa 65 bis 100 Tagen. Die Mütter kehren erst kurz vor dem Schlupf der Jungen zum Nest zurück, um diesen herauszuhelfen. Sie tragen den Nachwuchs dann im Maul ins Wasser. Die Überlebensrate der jungen Krokodile ist aufgrund zahlreicher Fressfeinde gering, nur rund zehn Prozent schaffen es bis zum erwachsenen Freshie.

Krokodile können sehr alt werden, manche Arten 80 bis 100 Jahre. Ein Freshie, das bereits 1964 aus Australien nach Europa kam, lebt 2022, nach Stationen in Stuttgart und Belgien, im Düsseldorfer Aquazoo. »Old Lady« (im Bild) ist eine sehr freundliche Krokodildame und zeichnet sich durch ihre Kooperationsbereitschaft dem Menschen gegenüber aus.

Krokodile sind aufgrund ihrer Intelligenz sehr lernbereit. Dies kommt einem stressfreien Umgang mit den Tieren zugute. Zudem stärkt ein kommunikativer Umgang das Verständnis dieser Tiere und ermöglicht weitere Einblicke in das Verhalten und die Biologie dieser doch in vielen Bereichen recht wenig erforschten und vor allem unterschätzten Tiergruppe.

Art, Familie *Crocodylus johnstoni*, Echte Krokodile (Crocodylidae) | Vorkommen Nordaustralien, nördliches Westaustralien, Queensland | Habitat Sümpfe, flache Seen, Lagunen, Tümpel, Bäche, Flüsse, ausschließlich im Süßwasser | Größe Männchen 250–300 Zentimeter, Weibchen 150–200 Zentimeter Gesamtlänge | Nahrung Fische, kleinere Säugetiere, Vögel, Reptilien, Amphibien, Wirbellose | Bedrohungsstatus nach Roter Liste nicht bedroht, Population stabil | Merke Zu Ehren von Robert A. Johnstone benannt, der das erste Tier der Art in Queensland 1870 fing. Durch einen Schreibfehler von Gerard Krefft (1830–1881) hieß diese Art von 1873 bis 2022 *johnsoni*. Ab sofort darf sie nach der aktuellen Liste der Australischen Tierarten und dem Code für Zoologische Nomenklatur *johnstoni* heißen.

9 Bauers Chamäleon Gecko

Ein kleiner Gecko als Tarnkünstler

Dieser possierliche Gecko ähnelt in seiner charakteristischen Art einem Chamäleon. Allerdings ist er nicht näher mit den Chamäleons verwandt. Bauers Chamäleon Gecko lebt endemisch in der nördlichen Provinz Neukaledoniens und bewohnt dichte Wälder, wo er sich besonders gerne auf Zweigen, Ästen und Blättern von Bäumen und Sträuchern in ein bis zwei Meter Höhe verbirgt. Der kleine Gecko ist durch seine Färbung und Fleckung in Beige-, Grün-, Oliv- und Brauntönen hervorragend getarnt und sieht beinahe aus wie mit Moos bewachsen. Um neugierigen Blicken zu entkommen, versucht sich das Tier stets hinter Zweigen und Blättern zu verstecken und sich dem Blick zu entziehen. Der kräftige Schwanz dient als Greiforgan und wird beim Klettern eifrig eingesetzt. Über Drüsen am Schwanz können die Tiere ein überaus übel riechendes Sekret absondern. Wahrscheinlich dient dieses dazu, Fressfeinde abzuschrecken, wenn sie dem Gecko zu Leibe rücken.

Der Artname des im Jahr 2001 durch Friedrich Wilhelm Henkel und Wolfgang Böhme wissenschaftlich beschriebenen Geckos verbirgt die Ehrung des US-amerikanischen Herpetologen Aaron Matthew Bauer (geboren 1961), der sich um die Erforschung der Reptilienwelt, insbesondere der Geckos, verdient gemacht hat und selber über 150 Arten beschrieb. Denn Bauer heißt auf Latein *agricola*.

Die Lebensräume dieser Art sind durch Brandrodung für Farmland und Minen, unter anderem für den Abbau von Nickel, fragmentiert. Noch ist Bauers Chamäleon Gecko in seiner Heimat häufig, dies könnte sich aufgrund seines endemischen Vorkommens jedoch rasch ändern. Alle endemischen Reptilien Neukaledoniens sind gesetzlich geschützt, werden jedoch oft geschmuggelt, da sie begehrte Sammlerstücke sind. Dabei werden diese Tiere in Europa regelmäßig gezüchtet, sodass die wildlebende Population durch gesunde Nachzuchten aus seriösen Züchterkreisen gesichert sein könnte.

Art, Familie *Eurydactylodes agricolae*, Doppelfingergeckos (Diplodactylidae) | Vorkommen Neukaledonien (Norden von Grande-Terre und auf den Inseln Belep und Yandé) | Habitat dichter Wald, Buschlandschaft, bis 1.000 Meter Höhe | Größe zwölf bis 14 Zentimeter Gesamtlänge | Nahrung Insekten, Spinnentiere, Früchte | Bedrohungsstatus nach Roter Liste potenziell gefährdet, Population stabil | Merke Ein Endemit wie Bauers Chamäleon Gecko kommt nur in einem begrenzten Lebensraum auf der Welt vor und sonst nirgendwo. Das Gegenteil ist der Kosmopolit, der weit verbreitet ist.

10 Beulenkrokodil

Krokodile – die mit dem morbiden Charme

Obwohl Krokodile schon den Jüngsten bekannt sind, halten sich bis heute viele Falschinformationen. Beispiel Systematik: Da wird immer wieder erzählt, Alligatoren wären keine Krokodile. Um es einfach zu machen: Es gibt eine große systematische Gruppe, die in der deutschen Sprache Krokodile heißt. Innerhalb dieser wird nochmals zwischen mindestens drei Untergruppen unterschieden: den Echten Krokodilen (daher die Missverständnisse), den Alligatoren und den Gavialen. Natürlich ist es etwas komplexer, was schon das Wort »mindestens« deutlich macht. Jedoch kann man sagen, dass sie alle Krokodile sind und erst darunter weiter differenziert wird. Dazu sind sie nicht nah mit anderen Reptilien verwandt, sondern durch einen gemeinsamen Vorfahren mit den Dinosauriern und damit den Vögeln näher als etwa einer Eidechse. Dies lässt sich an Schädelmerkmalen erkennen.

Die meisten Menschen finden Krokodile spannend oder aufregend, meist jedoch eher unsympathisch und gruselig. Und dann noch so eine Bezeichnung: Beulenkrokodil. Namensgebend ist ein vor den Augen liegender, beulenförmiger, längs gerichteter Höcker. Zu den Echten Krokodilen gehörend, leben sie in Mittelamerika, was schon wieder für Verwirrung sorgt, da oft behauptet wird, dass in Amerika nur Alligatoren und in der »Alten Welt« nur Echte Krokodile vorkämen. Artnamen wie China-Alligator oder Kuba-Krokodil widerlegen diese Fehleinschätzung.

Über das Beulenkrokodil ist wenig bekannt, schon die Maximalgröße wird unterschiedlich angegeben, nur eine neuere Veröffentlichung spricht von über vier Metern. Wahrscheinlich kommt es ausschließlich in Stillgewässern vor, es wird aber auch berichtet, dass es in mündungsnahen Flussbereichen lebt. Als fürsorgliche Eltern bewachen sie die Nester und sorgen sich um ihre Jungen. Wie viele Krokodilmütter tragen auch die Beulenkrokodile ihre Jungen nach dem Schlupf zum Wasser.

Art, Familie *Crocodylus moreletii*, Echte Krokodile (Crocodylidae) | Vorkommen Verbreitung atlantische Küste Südmexikos, Guatemala, Belize | Habitat Stillgewässer offener und buschiger Savannen, selten dichte Regenwälder | Größe bis 400 Zentimeter Gesamtlänge | Nahrung mittelgroße bis große Säugetiere, Reptilien, Vögel | Bedrohungsstatus nach Roter Liste nicht gefährdet, Population stabil | Merke Krokodile sind sie alle!

11 Blaugefleckter Baumwaran

Blaues Juwel aus Indonesien

Der Blaugefleckte Baumwaran ist einer der auffälligsten baumbewohnenden Warane überhaupt. Blau gefärbte Tiere sind selten und unter den Reptilien rar. Unterstützt von einem langen Schwanz und scharfen Krallen an langen, geschickten Fingern, hält sich der gewandte Kletterer bevorzugt in Baumkronen auf. In Westpapua endemisch, lebt er hier ausschließlich auf der kleinen Insel Batanta. Aufgrund seiner Farbe und Seltenheit ist dieses Tier bei Schmugglern begehrt, die hohe Preise für die seltene »Ware« erzielen.

Dieser Baumwaran hat eine erstaunliche Entdeckungsgeschichte: Im Tierhandel tauchte ein offenbar unbekannter Waran auf, der von Wolfgang Böhme und Hans Joachim Jacobs wissenschaftlich beschrieben wurde. Ihnen fehlte jedoch die Herkunft der blauen Schönheit. Hier half Duncan MacRae, Gründer eines Reptilienparks auf Bali, den beiden Wissenschaftlern aus ihrem Dilemma. Zum Dank benannten sie den Waran 2001 nach ihm. Allerdings wäre der blaue Waran gar nicht erst in den Tierhandel geraten, hätte nicht zuvor ein deutscher Terrarianer, der teilweise auf Papua lebt, das Tier durch den Tipp eines Einheimischen entdeckt. Nach enormen Strapazen pflegte er die Tiere in seinem Terrarium und bemühte sich vor Ort um Papiere für die noch unbestimmte Schönheit. Währenddessen bekamen Tierfänger Kenntnis von diesem potenziell lukrativen Geschäft, und so nahm die Geschichte ihren Lauf. Manfred Reisinger, der erste Europäer, der den Blaugefleckten Baumwaran zu Gesicht bekam, war zwar nicht an der Erstbeschreibung beteiligt, ihm bleibt aber das sensationelle Gefühl, das man hat, wenn man so ein Juwel in der Natur entdecken darf. Nach ihm wurde letztlich doch noch eine Waranart, nämlich 2005 *Varanus reisingeri*, der Gelbe Baumwaran von der indonesischen Insel Misool, benannt.

Der illegale Wildtierhandel und die Lebensraumzerstörung könnten diesem Juwel rasch den Garaus machen.

Art, Familie *Varanus macraei*, Warane (Varanidae) | Vorkommen Indonesien (Westpapua, Batanta) | Habitat Regenwald, baumbewohnend | Größe bis 105 Zentimeter Gesamtlänge | Nahrung Insekten, Spinnentiere | Bedrohungsstatus nach Roter Liste stark gefährdet, Population unbekannt | Merke Die Erforschung und Nachzucht dieser Art ist sehr wichtig.

12 Blumennatter

In Asien mag man sie besonders

Diese schöne Natternart wurde zu Ehren des deutschen Wissenschaftlers Otto Franz Moellendorff (1848–1903) benannt und wird auch als Moellendorffs Kletternatter bezeichnet. Der Körper der ungiftigen Kletternatter ist sehr kräftig, und auf der grau bis graugrünen Grundfärbung befinden sich etwa 30 schwarzumrandete Sattelflecken von nuss- bis rostbrauner Färbung. Daher wohl auch der Name Blumennatter, da diese Flecken so schön sind wie Blumen. Der Kopf und der Hals setzen sich durch eine glänzende rostbraune Färbung ab. Doch leider verhindert dieses hübsche Äußere nicht, dass diese Schlangenart in unglaublicher Anzahl als Lebensmittel auf den Tellern asiatischer Konsumenten landet. Neben der Zerstörung der Lebensräume ist das massenhafte Absammeln der Schlangen als billiges Nahrungsmittel einer der Hauptgründe, warum diese Art in der Natur immer seltener wird.

Der typische Lebensraum der Blumennatter sind subtropische Regionen mit teils dichter Vegetation. Gewässernähe und karstiges Gelände werden bevorzugt. Gerne klettert diese Schlange auch mal auf Bäume, wo sie nach Eiern sucht und Vögel jagt. Höhlen und Spalten in Kalksteinfelsen dienen der Natter als Rückzugsorte, vor allem in der Zeit von Dezember bis Ende März. Dann überdauert sie hier die kühlen Wintermonate. Im Herbst werden von den Weibchen bis zu einem Dutzend Eier an geeigneter, geschützter Stelle abgelegt. Nach etwa 80 Tagen Inkubationszeit schlüpfen die bis zu 50 Zentimeter langen Jungtiere und gehen wahrscheinlich direkt in die Winterruhe und zehren während dieser Phase von ihrem Dottervorrat. Für eine erfolgreiche Zucht ist eine kühle Phase mit Ruhezeit wichtig.

Um zu verhindern, dass diese Natter für immer von unserer Erde verschwindet, bemühen sich immer mehr Privatleute um ihre Erhaltung und Nachzucht. Ein offizielles Schutzprojekt existiert noch nicht.

Art, Familie *Orthriophis moellendorffi* (Synonym *Elaphe moellendorffi*), Nattern (Colubridae) | **Vorkommen** Nordvietnam, Südchina (Guangdong, Guangxi, Yunnan) | **Habitat** Laubwald, Buschlandschaft, Kalksteinfelsen mit Gewässeranbindung, bis 300 Meter Höhe | **Größe** 160–250 Zentimeter Gesamtlänge | **Nahrung** Kleinsäuger, Vögel, Eier | **Bedrohungsstatus** nach Roter Liste gefährdet, Population abnehmend | **Merke** Die Einheimischen haben sie zum Fressen gerne.

13 Borneo-Taubwaran

Der Ohrlose von Borneo

Der Taubwaran verbringt seine Tage im Wasser liegend, unter der Laubstreu oder in der Erde vergraben im Regenwald. Erst kurz vor Sonnenuntergang geht das schüchterne Tier oft im Wasser und dessen Umgebung auf Nahrungssuche. Diese sehr versteckte Lebensweise macht ihn zu einem selten gesehenen und schwer zu erforschenden Geschöpf. Die leicht walzenförmige Echse ähnelt im Körperbau den Krustenechsen. Allerdings steht der Taubwaran als letzter lebender Vertreter einer urtümlichen Echsenfamilie heute ziemlich allein da. Nach seiner Entdeckung 1877 und Erstbeschreibung 1878 durch Franz Steindachner (1834–1919) verschwand die seltene Echse immer wieder für lange Zeit von der Bildfläche. Im Jahr 1954 nahm die Forschung zu dieser Art etwas Fahrt auf, der Name »earless monitor« kam auf, und die Verwandtschaft zu den Krustenechsen und Waranen wurde angenommen. Letztere scheinen tatsächlich ihre näheren Verwandten zu sein. Das zuvor nur in Sarawak bekannte Vorkommen wurde 2012 auf West-Kalimantan erweitert, als der Taubwaran dort auch zum ersten Mal aufgespürt werden konnte.

Die winzigen Augen können zum Schutz mit einem transparenten unteren Lid geschlossen werden. Weit vorne an der Nasenspitze sitzen die Nasenöffnungen, aber äußere Ohröffnungen sucht man vergebens. Allerdings können die Tiere trotzdem hören, sie haben kein Trommelfell, aber eine flache Paukenhöhle.

Durch die versteckte Lebensweise dieser Art ist es schwierig, die noch vorhandene Population zu schätzen. In den letzten Jahren finden sich vermehrt Taubwarane in Bewässerungsgräben von Ölpalmplantagen ein. Da die Zerstörung und Fragmentierung ihres ursprünglichen Lebensraumes durch die Abholzung der Wälder zum Aufbau von Plantagen voranschreiten, können sich die Tiere nicht mehr perfekt verbergen. Sie geraten so vermehrt Tierfängern in die Hände. Der weitere Rückgang der Bestände ist die Folge.

Art, Familie *Lanthanotus borneensis*, Lanthanotidae | Vorkommen Indonesien (Nordwest-Kalimantan), Malaysia (Sarawak) | Habitat Tieflandregenwald, in der Laubstreu in der Nähe klarer fließender Gewässer | Größe 40–45, selten maximal 50 Zentimeter Gesamtlänge | Nahrung Süßwassergarnelen, Fisch (Welse), Frösche, Kaulquappen, Regenwürmer | Bedrohungsstatus nach Roter Liste stark gefährdet, Population abnehmend | Merke Der »Heilige Gral der Reptilienwelt« ist eine bedrohte Art, die in erster Linie durch menschliches Einwirken ihren Lebensraum verliert und die rasch besser erforscht werden muss, um sie schützen zu können, bevor unser Planet sie für immer verliert!

14 Brauen-Glattstirnkaiman

Der mit dem besonderen Augenaufschlag

Die Glattstirnkaimane zählen aufgrund ihrer geringen Körpergröße zu den kleinsten Krokodilarten der Welt und werden daher auch Zwergkaimane genannt. Die Gattung beinhaltet zwei Arten, die sich sehr ähneln und teilweise im selben Lebensraum vorkommen: den Brauen- und den Keilkopf-Glattstirnkaiman (*Paleosuchus trigonatus*). Die bekannteren Brillenkaimane (Gattung *Caiman*) tragen zwischen den Augen eine knöcherne Struktur, die für diese Gruppe namensgebend war. Diese Struktur fehlt bei den Zwergen unter den Kaimanen, und so bekamen sie ihre eigene Gattung (*Paleosuchus*). Mit dem Artnamen *palpebrosus*, was übersetzt »ein auffälliges Augenlid haben« bedeutet, wurde bereits 1807 von Georges de Cuvier (1769–1832) auf das knöcherne Augenlid hingewiesen, das den Blick des Kaimans sehr charmant macht.

Beiden Arten gemeinsam sind die gut ausgebildeten Osteodermen, die großzügig über den Körper verteilt sind. Osteodermen sind Hautknochenplatten, von der Haut gebildete, knöcherne Schilde, die als äußere Schutzschicht das Tier wie einen Panzer umgeben. Daher auch der Name Panzerechsen. Jedoch sind Krokodile dennoch empfindsam, da dieser Panzer an vielen Stellen von Haut überzogen ist.

Krokodile sind fürsorgliche Eltern, die sich vorbildlich um ihren Nachwuchs bemühen. Viele Arten bewachen das Nest mit den Eiern, die Mütter helfen den Jungen beim Schlupf und tragen diese sogar ins Wasser. Selbst danach werden die Mini-Krokodile häufig von den Erwachsenen betreut und bewacht. Die Weibchen der Brauen-Glattstirnkaimane errichten Hügelnester meist aus Erde und Laub, in die sie sechs bis 21 Eier legen. Die Nester werden von den Weibchen hin und wieder überprüft. Nach ihrem Schlupf bleiben die Jungen bis zu 21 Monate bei den Weibchen und teilen sich auch während der Trockenzeit die Höhlen, in denen sie Zuflucht suchen. Eine besondere Wohngemeinschaft auf Zeit.

Art, Familie *Paleosuchus palpebrosus*, Alligatoren (Alligatoridae) | **Vorkommen** Brasilien, Bolivien, Kolumbien, Ecuador, Französisch-Guayana, Guyana, Paraguay, Peru, Surinam, Trinidad und Tobago, Venezuela | **Habitat** Gewässer und Ufer im Amazonasbecken, Orinoco, große Flüsse und Seen, gerne an schnell fließenden Gewässern, Sumpfwälder | **Größe** Männchen bis 210 Zentimeter, Weibchen bis 146 Zentimeter Gesamtlänge | **Nahrung** Fisch, kleine Wirbeltiere, Wirbellose | **Bedrohungsstatus** nach Roter Liste nicht gefährdet, Population stabil | **Merke** Dank der vielen harten Osteodermen und der geringen Körpergröße entging diese Art dem Interesse der Lederindustrie.

15 Braune Landschildkröte

Asiens größte Landschildkröte

Diese schokoladenbraune Schildkröte liebt den Matsch! Obwohl es sich um eine Landschildkröte handelt, mag sie feuchte Wälder und die Nähe zu Gewässern wie Tümpel und Bäche. Hier geht das große Tier gerne im flachen Wasser baden. Stundenlang kann sie dort sitzen und das Schlammbad genießen. Direkte Sonneneinstrahlung wird eher gemieden, lieber verbirgt sie sich unter Pflanzen und Gestrüpp. Während der Trockenzeit geht das Tier gerne ganz auf Tauchstation, buddelt sich ein oder sucht Höhlen auf. Hin und wieder ist sie aber auch in trockenen Gebieten anzutreffen. Das Sozialverhalten dieser Schildkröte ist komplex. Schildkrötenmännchen geben während der Paarung beachtliche Laute von sich – das ist durchaus bekannt. Schildkrötenweibchen scheinen das Paarungsspiel meist stillschweigend mitzumachen. Nicht so bei der Braunen Landschildkröte, hier hat auch das Weibchen was zu sagen und ruft eifrig mit! Zur Eiablage schaufeln die Tiere aus Erde und Laub einen beachtlichen Haufen auf. Die bis zu 50 Eier werden hierin abgelegt und bewacht. Dieses Verhalten ist in der Schildkrötenwelt einmalig.

Zwei Unterarten können anhand der Nähte des Bauchpanzers (Plastron) unterschieden werden: die hellere *Manouria emys emys* aus Südthailand, Malaysia und Indonesien und die dunkler gefärbte *Manouria emys phayrei* aus dem Norden. Letztere wird mit bis zu 60 Zentimeter Panzerlänge und 37 Kilogramm auch größer.

Meist werden diese Schildkröten für ihr Fleisch, dem heute noch Heilkräfte zugesprochen wird, gejagt und geschlachtet. Dieses gelangt auf illegalen Exportwegen nach Ostasien. Durch Abholzung der Wälder für Landwirtschaft und Staudämme verlieren die charismatischen Tiere ihren Lebensraum. Auch der Bambus, zwischen dem sie Schutz finden und dessen Sprossen sie gerne fressen, wird vermehrt aus den Wäldern entfernt. So werden die Tiere entdeckt und der Natur entnommen.

Art, Familie *Manouria emys emys*, Landschildkröten (Testudinidae) | Vorkommen Bangladesch, Nordostindien, Myanmar, West- bis Süd-Thailand, Malaysia, Indonesien (inklusive Borneo und Sumatra) | Habitat immergrüne Waldgebiete mit Gewässern, in 600 bis 1.500 Meter Höhe | Größe bis 50 Zentimeter Panzerlänge, bis 20 Kilogramm, Männchen kleiner als Weibchen | Nahrung Knollen, Sprossen, insbesondere Bambussprossen, Blätter, Pilze, Wirbellose | Bedrohungsstatus nach Roter Liste kritisch von Ausrottung bedroht, Population abnehmend | Merke Beschlagnahmte Tiere aus illegalen Transporten werden gerettet und leben in Auffangstationen oder Zoos. Für eine Rückkehr in die Natur fehlt eben leider diese – Natur!

16 Brückenechse

Ein Stachelträger, einzig in seiner Art

Der Maori-Name der Brückenechse »Tuatara« bedeutet »Hügel auf dem Rücken« und beschreibt den Kamm entlang von Kopf und Wirbelsäule. Als einzige Überlebende einer ganzen Reptilienordnung entwickelten sich die Tuatara vor etwa 220 Millionen Jahren und sind älter als die Dinosaurier. Der Schädel der Brückenechse ist unter Reptilien einzigartig, da zwischen dem oberen und unteren Schläfenfenster doppelte knöcherne Brücken vorhanden sind, die bei anderen Reptilien fehlen. Daher der Name Brückenechse. Die übrigen Echsen in der Ordnung Squamata sind nicht näher mit der Brückenechse verwandt.

Das kühle Klima Neuseelands erforderte eine spezielle Anpassung, und so machen besondere Eigenschaften die schüchternen Tuatara einzigartig. Die dämmerungs- und nachtaktiven Tiere gehen in kühlen, nebligen Nächten auf Nahrungssuche. Tagsüber sitzen sie in der Sonne, um ihre Körpertemperatur wieder auf 28 Grad Celsius zu erhöhen. Ihr Stoffwechsel ist extrem niedrig, ein Tier nimmt gerade mal fünf Atemzüge pro Minute, während das Herz in dieser Zeit bis zu achtmal schlägt. Die Tiere können so über 100 Jahre alt werden.

Die langsam wachsenden Echsen werden erst mit 14 bis 20 Jahren geschlechtsreif. Männchen imponieren, indem sie sich aufblasen, Kopf- und Rückenkamm aufstellen, sich in den schönsten Farben präsentieren und stolz umherlaufen. Anders als andere Schuppenechsen (Lepidosauria) haben Tuatara kein Begattungsorgan (Hemipenis), mit dem das Sperma in die Kloake des Weibchens gebracht werden könnte. In den frühen Emryonalphasen sind die Anlagen zwar vorhanden, sie entwickeln sich nur nicht zum Begattungsorgan weiter. Die Spermienübertragung erfolgt daher durch den sogenannten »Kloaken-Kuss«, durch Aneinanderlegen beider Kloaken. Die Weibchen sorgen oft nur alle zwei bis fünf Jahre für Nachwuchs, und die Entwicklung der Embryos dauert zwölf bis 15 Monate.

Art, Familie *Sphenodon punctatus*, Spenodontidae | **Vorkommen** Neuseeland, 32 vorgelagerte Inseln | **Habitat** Wald, Buschland, bis 722 Meter Höhe | **Größe** Männchen bis 70 Zentimeter, Weibchen bis 50 Zentimeter Gesamtlänge | **Nahrung** große Insekten, Spinnentiere, Schnecken, Kannibalismus, Echsen, Seevögel, Eier | **Bedrohungsstatus** nach Roter Liste nicht gefährdet, Population unbekannt | **Merke** Rund 30.000 Jahre reichen die ältesten Tuatara-Fossilfunde zurück. So ganz unverändert hat diese Art die letzten 200 Millionen Jahre nicht hinter sich gebracht, sodass die Brückenechse nicht mit gutem Gewissen als »lebendes Fossil« bezeichnet werden kann.

17 Buntwaran

Der Musterschüler

Der in Australien endemische Buntwaran ist in seiner Heimat weit verbreitet. Ausgestattet mit gekrümmten, spitzen Krallen, kann das große Tier trotz eines Körpergewichts von bis zu 14 Kilogramm behände klettern. Der Waran hält sich gerne auf Bäumen auf und jagt hier sogar nach Vögeln und räubert in deren Nestern. Der Buntwaran ist variabel gefärbt und kann große gelbe oder kleine beige Flecken auf seinem grauen bis graublauen Körper zeigen. Beide Farb- und Flecken-Variationen kommen natürlicherweise vor. In Australien ist er eine der größten Echsen, nur der Riesenwaran (*Varanus giganteus*) mit über zwei Metern Körperlänge wird noch größer. Zugegeben, der Schwanz des Buntwarans ist viel länger als der eigentliche Körper, dennoch ist er eines der größten Landraubtiere des östlichen Australien. Er ist sehr genügsam und verspeist auch mal Aas. Dies ist insbesondere in Straßennähe, wo es oft zu Wildunfällen kommt, eine praktische Sache für den Waran. Ein reich gedeckter Tisch ohne viel Anstrengung!

Starke, erwachsene Männchen mit einem Gewicht von über fünf Kilogramm besetzen Reviere, die sich kaum überschneiden. Diese verteidigen sie und durchstöbern sie nach Beute. Obwohl die Reviere im Schnitt über 65 Hektar groß sein können, findet der Waran immer zu seiner Lieblingshöhle, in der er sich gerne ausruht, zurück. Dies schafft er, da er sich Geländestrukturen und markante Zeichen wie Bäume, Felsen oder Sträucher merken kann. Eine enorme Gedächtnisleistung!

In menschlicher Obhut können sie sich Fütterungszeiten und das Aussehen ihrer Pfleger merken. Es ist leicht, mit ihnen zum Beispiel mit »Klickern« und »Targets« zu trainieren. Wird das Target berührt, folgt eine Belohnung mit Futter, später mit einem Geräusch. Mit Hilfe dieser Methode lassen sich medizinische Behandlungen und Transporte stressfreier für die Tiere durchführen und Verhaltensbeobachtungen unterstützen.

Art, Familie *Varanus varius*, Warane (Varanidae) | Vorkommen Küstenregionen in Ost- bis Südostaustralien (New South Wales, Queensland, South Australia, Victoria) | Habitat Wald | Größe Männchen bis 200 Zentimeter, Weibchen bis 150 Zentimeter Gesamtlänge | Nahrung Vögel, Eier, Reptilien, Insekten, kleine Säuge- und Beuteltiere, Aas | Bedrohungsstatus nach Roter Liste nicht gefährdet, Population stabil | Merke Man sollte niemals ein unbekanntes Wesen unterschätzen!

18 Chinesische Krokodilschwanzechse

Seltene Echse mit Ansprüchen

Die auffällige Beschuppung ihres Schwanzes, die an jene der Krokodile erinnert, war namensgebend für diese Echse. Außerdem kann die Krokodilschwanzechse exzellent schwimmen und sieht dabei tatsächlich aus wie ein Mini-Krokodil. Die selten gewordene Art kommt nur in kleineren isolierten Gebieten im Süden der Volksrepublik China vor.

Bei der Wahl ihres Wohnortes legt diese Echse sehr viel Wert auf ein Gewässer mit Zufluss. Hier bevorzugt sie dichte Vegetation, die sich direkt am Wasser befindet. Bei der Wohnungssuche beansprucht ein erwachsenes Tier einen Pool mit einer Größe von bis zu elf Quadratmetern für sich. Die tagaktiven Echsen sind gemütliche Gesellen und ruhen die meiste Zeit des Tages auf einem Lieblingsast über dem Gewässer. In der übrigen Zeit sind sie gerne auf Nahrungssuche. Auf dem Speiseplan der Tiere stehen kleinere Wasserbewohner.

Krokodilschwanzechsen bevorzugen Temperaturen von 22 bis 28 Grad Celsius, lieben jedoch auch das Sonnenbad bei bis zu 35 Grad Celsius. Sobald die Temperatur zwischen Oktober und April unter elf Grad Celsius absinkt, verkriechen sie sich in feuchte Höhlen im Boden, in Felsen oder gar in Bäumen in der Nähe ihres Lieblingspools und überwintern hier. Die Fortpflanzung der Tiere ist für Echsen eher ungewöhnlich. Sie legen nämlich keine Eier, sondern bringen einmal im Jahr bis zu 15 lebende Junge zur Welt. Die Geburt findet im Wasser statt. Gut, dass schon die Mini-Echsen hervorragend schwimmen können. Erst mit drei bis vier Jahren sind sie geschlechtsreif und können für Nachwuchs sorgen. Immerhin können sie ein Alter von bis zu 35 Jahren erreichen. Krokodilschwanzechsen wurden 1928 entdeckt und zwei Jahre später von dem Berliner Zoologen Christoph Gustav Ernst Ahl (1898–1945) beschrieben.

Art, Familie *Shinisaurus crocodilurus crocodilurus*, Krokodilschwanzechsen (Shinisauridae) | **Vorkommen** Südchina (Guangxi, Guangdong) | **Habitat** subtropischer Wald, tropisches Feuchtgebiet | **Größe** bis 45 Zentimeter Gesamtlänge | **Nahrung** Fische, Krebse, Amphibien und deren Laich, Wirbellose | **Bedrohungsstatus** nach Roter Liste stark gefährdet, Population abnehmend | **Merke** Eine weitere Unterart, die 2016 beschrieben wurde, lebt in einem kleinen Gebiet in Vietnam.

19_Chinesische Streifenschildkröte

Bedrohtes Mathe-Ass aus Asien

Auch wenn diese Streifenschildkröte den Schmuckschildkröten (*Pseudemys-*, *Trachemys*-Arten) relativ ähnlich sieht, kommt sie nicht wie diese bekannten Schildkrötenarten aus Amerika, sondern aus Asien, ebenso wie ein Viertel der heute insgesamt 356 beschriebenen Schildkrötenarten. Sie gehört demnach zu den Altwelt-Sumpfschildkröten, während die Schmuckschildkröten in die Familie der Neuwelt-Sumpfschildkröten gehören. Beiden gemeinsam ist allerdings, dass sie Halsberger-Schildkröten (Cryptodira) sind und bei Gefahr ihren Kopf in den Panzer zurückziehen können. Wird es brenzlig, dann werden auch die Beine und der Schwanz ganz eng unter den Panzerrand, dicht an den Körper angelegt. Sicher ist sicher!

Bei Studien zu kognitiven Fähigkeiten von Reptilien wurde auch die Chinesische Streifenschildkröte auf die Probe gestellt und überraschte das Forscherteam mit überdurchschnittlich guten mathematischen Fähigkeiten. Denn die Tiere sind in der Lage, numerisch große von kleinen Mengen zu differenzieren.

Diese Sumpfschildkröte sieht sich zahlreichen Gefahren gegenüber. Daher ist ihr Bestand in den vergangenen Jahren bereits massiv zurückgegangen. Zusehends schwindet ihr Lebensraum, da die Feuchtgebiete, Wälder und Uferzonen zu landwirtschaftlichen Nutzflächen und vor allem zu Wohngebieten umgewandelt werden. Der klassische Reisanbau, den diese Schildkröte gerne als Lebensraum nutzt und sich hier in den gefluteten Reisfeldern aufhält, nimmt immer weniger Fläche ein. Schmutz und Abwasser verunreinigen die Gewässer, in denen die Tiere leben. Zudem wurden sie massiv für den Nahrungsmittelmarkt, als Heimtier und für Schildkrötenfarmen gesammelt. 17 der 25 gefährdetsten Schildkrötenarten der Welt stammen aus Asien und haben ähnliche Probleme.

Art, Familie *Mauremys sinensis*, Altwelt-Sumpfschildkröten (Geoemydidae) | **Vorkommen** China (entlang der Küste von Shanghai bis zur Grenze nach Vietnam, Hainan), Taiwan, Vietnam, Hongkong; eingeführt in USA (Florida), Südkorea, Italien, wenige Funde in Portugal, Spanien, Polen, Slowakei | **Habitat** Waldgebiete, Feuchtland, langsam fließende Bäche, Gräben, Reisfelder, Tümpel, Teiche, in Höhen bis 300 Meter | **Größe** Männchen 20 Zentimeter, Weibchen 27,1 Zentimeter Panzerlänge | **Nahrung** Pflanzen, Früchte, Wasserinsekten, Schnecken, Krebstiere, Fische | **Bedrohungsstatus** nach Roter Liste kritisch von Ausrottung bedroht, Bestand abnehmend | **Merke** Diese Schildkrötenart vermehrt sich sehr gut in menschlicher Obhut, sodass Erhaltungszuchtprojekte gute Chancen haben, zur Arterhaltung beizutragen.

20 Chuckwalla

Nordamerikas fette Echse

Diese tagaktive Echse ist unscheinbar gefärbt. Braune, graue bis schwarze Töne dominieren, nur auf der Körpermitte und dem Schwanz gönnt sich das Chuckwalla dezente rote bis grüne Töne. Streifen und Fleckenmuster vervollständigen die gute Tarnung. Durch die dunkle Färbung und unscheinbare Optik fällt das Tier zwischen all den Steinen, Geröll und alten Lavaströmen in seinem Lebensraum kaum auf. Der dunkle Körper nimmt zudem gut die Wärme der Sonne auf, sodass sich das Tier beim beliebten Sonnenbad rasch aufwärmt. Ein gut aufgewärmtes Chuckwalla hat eine Körpertemperatur von 34 bis 39 Grad, manchmal sogar bis 44 Grad Celsius. Nur die größte Hitze meidet die standorttreue Echse und zieht sich in Felsspalten zurück, wo sie auch bei Gefahr Schutz sucht. Chuckwalla haben zudem einen tollen Trick, um sich vor Feinden zu schützen. In der Felsspalte hockend, blasen sie ihren faltigen Körper wie einen Ballon auf und sind hier so verkeilt, dass sie niemand mehr herausbekommt. Der urtümliche Name Chuckwalla soll übersetzt »fette Echse« bedeuten.

Bevor es die formale wissenschaftliche Nomenklatur gab und Arten ihre Gattungs- und Artnamen erhielten, waren Trivialnamen gebräuchlich und variierten je nach Region, Sprache und Kultur. Der merkwürdig anmutende Name Chuckwalla leitet sich wohl von verschiedenen Bezeichnungen indigener Völker Amerikas ab. Mindestens vier Varianten sind bekannt. Zum einen »Chah'ch wahl« von den Cahuilla, »Chah-kwar'-rah« von den Südlichen Paiute, »Chuk-war'-rah« von den Mono Paiute und »Cha-gwar'-rah« von den Kawaiisu. Westliche Völker haben wahrscheinlich das Wort Chuckwalla von einer oder mehreren dieser Varianten übernommen.

Je nach Ressourcen (Nahrung, Höhlen) der Umgebung sind Populationen unterschiedlich dicht, es kann sein, dass sich zwei Tiere eine Fläche von einem Hektar teilen oder dass rund 65 Tiere auf gleicher Fläche leben.

Art, Familie *Sauromalus ater*, Leguane (Iguanidae) | **Vorkommen** südwestliches Nordamerika (Nevada, Utah, Arizona, Kalifornien) und Nordmexiko | **Habitat** Felsregionen mit Busch- und Grasland, Wüste | **Größe** 40–45 Zentimeter Gesamtlänge | **Nahrung** Pflanzen (Knospen, Blüten, Blätter) | **Bedrohungsstatus** nach Roter Liste nicht gefährdet, Population stabil | **Merke** Der Artname *ater* weist schon auf die Farbe der Echse hin, übersetzt aus dem Lateinischen bedeutet dies »dunkel«.

21 Diamantpython

Schlichte Schönheit mit unangenehmer Angewohnheit

Diese Riesenschlange ist die sogenannte Nominatform des Rautenpythons. Der Diamantpython war die Schlange, die als Grundlage diente, die Art *Morelia spilota* zum ersten Mal wissenschaftlich zu beschreiben. Dies geschah im Jahr 1804 durch den französischen Naturforscher Bernard Germain Lacépède (1756–1825). Seitdem wurden weitere fünf Unterarten dieser Art beschrieben und wissenschaftlich anerkannt.

Diese Art gilt als eine der schönsten Vertreterinnen der Riesenschlangen Australiens. Zum Verbreitungsgebiet an der Ostküste zählen auch die sogenannten Blue Mountains in New South Wales. Dieser Lebensraum ist geprägt von Eukalyptuswäldern und deutlichen Jahreszeiten. Die Eukalyptusbäume setzen kleine Öltröpfchen frei, die sich mit Wasserdampf und Sonnenlicht mischen, was der Bergregion ihren bläulichen Schimmer verleiht. Im Winter fallen die Temperaturen hier regelmäßig unter den Gefrierpunkt, und in manchen Jahren kommt es sogar zu Schneefall. Da kommt dem Diamantpython der hohe Anteil an schwarzer Körperfärbung zugute, da er sich dadurch besser und schneller in der Sonne aufwärmen und aktiv werden kann.

Dieser schlanke Python kann gut klettern, ist aber auch auf dem Erdboden schnell unterwegs. Sein langer Schwanz kann zum Greifen genutzt werden. Tagsüber verbirgt er sich in hohlen Baumstämmen, in Felsspalten oder in Kaninchenbauten. Zu finden ist er aber durchaus auch in Gärten, Schuppen oder Häusern. Die zunehmende Besiedlung führt zu immer mehr Überschneidungsgebieten zwischen Mensch und Python. Da diese Schlange ein ruhiges Temperament hat und nur bei grober Störung versucht zu beißen, wird sie meist geduldet. Besonders Farmer sehen diese Schlange gerne auf ihren Grundstücken, da sie Schadnager kurzhält. Allerdings sehen das nicht alle Hausbesitzer so, denn auch Hauskatzen oder kleinere Hunde stehen auf dem Speiseplan.

Art, Familie *Morelia spilota spilota*, Pythons (Pythonidae) | **Vorkommen** Australiens Ostküste | **Habitat** tropischer Regenwald, felsige Gebiete | **Größe** bis 200 Zentimeter Gesamtlänge | **Nahrung** Vögel, Echsen, Säugetiere und Beuteltiere passender Größe | **Bedrohungsstatus** nach Roter Liste nicht gefährdet, Population abnehmend | **Merke** Der Diamantpython ist ein Kulturfolger mit gelegentlicher Vorliebe für Haustiere!

22 Dornteufel

Ikone mit schaurigem Namen

Gefährlich, bissig oder gar tödlich giftig? Er ist schon etwas Besonderes, während sein Name Schauriges vermuten lässt: der Dornteufel oder Moloch. Live gesehen, könnte man beinahe Mitleid mit dem kleinen Geschöpf haben, dem der Zoologe John Edward Gray (1800–1875) einen so furchteinflößenden Namen gab. Wieso genau der Brite die Gattung 1841 *Moloch* nannte, weiß heute niemand mehr. Der Artname *horridus* für die raue, stachelige Haut oder für »schrecklich« ist nachvollziehbar. Viele konisch aufragende Stacheln, ein großer Nackenhöcker und das Camouflage-Muster mit hellen und dunklen Bändern und Flecken sind markante Merkmale. Mit Mühe sind die winzig kleinen Augen und das Maul zu erkennen. Die dichte Haut schützt vor Wasserverlust durch Verdunstung im heißen Klima. Nachts und bei großer Hitze sitzt der Moloch im Schatten oder in einer Höhle.

Im offenen Gelände ergreift der Moloch winzige Beutetiere – Ameisen! Um satt zu werden, muss er viele fressen! Dabei ist er sehr effizient und vertilgt rund 2.500 Ameisen pro Tag. Während er frisst, verharrt sein Körper still, und nur Hals und Maul bewegen sich zur Beute. Die klebrige Zunge schnellt blitzartig hervor und packt die Ameise in 100 Millisekunden. Also doch ein »alles verschlingender« Moloch!

Flüssigkeit ist in Wüsten rar. Der Moloch kann Wasser aus Tau, Nebel und Regen aufnehmen, ohne das Maul zur Wasserquelle zu führen. Eine besondere Hautstruktur aus Kanälen zwischen den Schuppen wirkt wasseranziehend. Steht der Moloch auf feuchtem Sand, kriecht das Wasser die Füße hoch und kann sich durch Kapillarwirkung entgegen der Schwerkraft nach oben am Körper ausbreiten. Die Kapillaren zwischen den Schuppen leiten es zum Maul, wo es aufgenommen wird. Wie Löschpapier saugt die Echse Wasser auf. Fasern moderner Sportbekleidung nutzen diesen Effekt: Schweiß wird an Körperstellen transportiert, wo er effektiv verdunstet.

Art, Familie *Moloch horridus*, Agamen (Agamidae) | **Vorkommen** Westaustralien | **Habitat** Wüste, Buschlandschaft | **Größe** acht bis elf Zentimeter Gesamtlänge, Männchen 31,2 Gramm, Weibchen 45,5 Gramm | **Nahrung** Ameisen | **Bedrohungsstatus** nach Roter Liste nicht gefährdet, Population stabil | **Merke** Seit 2022 drei Unterarten: *Moloch horridus horridus, Moloch horridus browni* (gelbe und ziegelrote Querbänder, Zentralaustralien) und *Moloch horridus granti* (tiefgelbe und schokobraune Querbänder, Eyre-Halbinsel, Südaustralien, angrenzende südliche Gebiete).

23 Dreikiel-Scharnierschildkröte

Gepanzerte Wasserratte

Diese Schildkröte liebt heftige Regenfälle und sitzt gerne lange Zeit in Pfützen. Obwohl die Füße Schwimmhäute tragen, begnügt sich das Tier mit Sitzbädern. Während Regenfällen ist diese Schildkröte besonders aktiv, was daran liegen könnte, dass sich ihre Leibspeise, nämlich Schnecken, dann ebenfalls auf den Weg machen.

Die Dreikiel-Scharnierschildkröte, die ihren Namen drei Kielen entlang ihres Rückenpanzers verdankt, liebt naturbelassene immergrüne und feuchte Wälder. Wichtig sind auch steinige und felsige Bereiche, denn hier kann sie zum sicheren Ausruhen in Felsspalten und Höhlen schlüpfen.

Auffällig ist, dass diese Art einen flacheren Panzer hat als andere Schildkrötenarten aus demselben Lebensraum, die keine Höhlen aufsuchen. Zwar kann diese Schildkröte ihren Panzer durch ein Scharnier zwischen den Brust- und Bauchschilden gut verschließen und könnte sich so relativ geschützt wähnen, dennoch geht sie lieber auf Nummer sicher und verbirgt sich zusätzlich in einer sicheren Behausung.

Wenn sie sich in eine geeignete Felsspalte zurückzieht, muss diese aber bestimmte Kriterien erfüllen. Hier haben die Tiere feste Vorstellungen und besondere Ansprüche. Sie wählen tiefe und mäßig breite Spalten, die gerade so niedrig sind, dass sie hineinpassen und ihr Panzer das Spaltendach im besten Fall noch berührt. So werden Spalten bevorzugt, die etwa zweimal so breit, dreimal so lang und 1,2 Mal so hoch wie der Panzer der Tiere sind. Außerdem geht es meist mit dem Kopf voran in die Unterkunft.

Große Stückzahlen dieser Art werden für den menschlichen Konsum, sogar in Schutzgebieten, gesammelt und auch exportiert. Die Tiere erzielen einen geringen Preis, werden daher auch von Einheimischen auf den Märkten gekauft.

Art, Familie *Cuora mouhotii*, Altwelt-Sumpfschildkröten (Geoemydidae) | **Vorkommen** Bangladesch, Bhutan, China, Indien, Laos, Myanmar, Vietnam | **Habitat** tropische, immergrüne und feuchte Wälder | **Größe** 18–21 Zentimeter Panzerlänge | **Nahrung** Früchte, Schnecken, Insekten, Regenwürmer, Pilze | **Bedrohungsstatus** nach Roter Liste stark gefährdet, Bestand abnehmend | **Merke** Die Dreikiel-Scharnierschildkröte wird auch Hinterindische Dornschildkröte genannt.

24 Dreistreifen-Scharnierschildkröte

Klappe zu und dicht!

Zu viel ist zu viel, und dann macht die Dreistreifen-Scharnierschildkröte einfach mal zu! Und wenn diese Schildkröte einmal dicht gemacht hat, dann kommt man da als Beutegreifer auch nicht mehr so leicht dran. Es sei denn, man ist ein gemeiner Schmuggler und sammelt diese schöne Schildkröte einfach so illegal ein. Dank eines Scharniers, das relativ mittig quer durch ihren Bauchpanzer verläuft, kann die Scharnierschildkröte den vorderen und hinteren Bauchpanzer jeweils nach innen klappen, nachdem sie zuvor Gliedmaßen, Schwanz und Kopf eingezogen hat. So macht sie beinahe komplett dicht. Die Hinterbeine bleiben noch etwas zu sehen. So geschützt haben es kleinere Raubtiere schwer, an ihr schmackhaftes Fleisch zu gelangen.

Drei dunklen Längsstreifen auf ihrem Rückenpanzer verdankt die schön gefärbte Schildkröte ihren Namen. Da die Tiere einen goldgelben, olivgrünen oder hellbraunen Fleck auf dem Kopf haben, werden sie im Englischen auch Goldmünzen-Schildkröte genannt. Sitzt sie in einem Gewässer, sieht es so aus, als läge dort ein Goldstück am Grund. Früher wurden Schildkröten als Haustiere gehalten, damit sie ihrem Besitzer Reichtum und Wohlstand ins Haus bringen. Sie wurden aus diesem Grund aus der Natur stark abgesammelt.

Einst war diese Art in China weit verbreitet, heute ist sie hier nahezu ausgerottet. In den letzten 70 Jahren ist ihr Bestand um 95 Prozent geschrumpft. Sie ist zwar geschützt, aber aufgrund ihres extrem hohen Wertes, insbesondere der selten gewordenen Männchen, ist ihr Schutz in der Natur schwer. Illegale Fänger wittern hier nach wie vor ein sehr lukratives Geschäft. Ihr Name »Golden coin turtle« hat da einen bitteren Beigeschmack für eine der 25 seltensten Schildkrötenarten der Welt.

Art, Familie *Cuora trifasciata*, Altwelt-Sumpfschildkröten (Geoemydidae) | Vorkommen China (Hainan), Hongkong | Habitat Waldgebiete, Feuchtland, klare Bachläufe | Größe Männchen 23 Zentimeter, Weibchen 26 Zentimeter Panzerlänge | Nahrung Wirbellose (wie Würmer, Wasserinsekten, Schnecken, Krebstiere), Fische, Amphibien, Pflanzen, Früchte | Bedrohungsstatus nach Roter Liste kritisch von Ausrottung bedroht, Bestand abnehmend | Merke Es ist nicht alles Gold, was glänzt, aber manches ist mehr wert als Gold!

25 Europäische Sumpfschildkröte

Deutschlands einzige heimische Schildkröte

Mitteleuropas einzige natürlicherweise heimische Schildkröte überwintert im Schlamm ihres Heimatgewässers. Die winterliche Kälte drosselt den Stoffwechsel, und das wechselwarme Tier nimmt Sauerstoff über die Haut und die Kloake auf. Im Frühling locken die ersten Sonnenstrahlen das tagaktive Tier an die Oberfläche, und das Schildkrötenjahr beginnt. Langsam startet die Sumpfschildkröte die Nahrungs- und schließlich die Partnersuche. War diese erfolgreich, kann es bis zum Ende der Aktivitätszeit zu Paarungen kommen. Mit ihren langen, gebogenen Krallen kann das Männchen das Weibchen festhalten. Ist das Männchen auf dem Weibchen, beginnt es mit dem Balzverhalten, wackelt mit dem Kopf hin und her und bespuckt das Weibchen mit Wasser. Die drei bis 19 Eier legt sie von Mai bis Juli in eine Grube an einer sonnigen Stelle an Land ab. Nach 60 bis 70 Tagen verlässt die winzige, bis zu fünf Gramm leichte Schildkröte ihr Ei. Jungtiere führen zur Sicherheit zunächst ein verborgenes Leben. Spätestens Ende Oktober zieht sich die Sumpfschildkröte erneut zurück und überwintert.

Das Reptil des Jahres 2015 ist mit seinen zahlreichen gelben Punkten auf Rückenpanzer, Kopf, Hals und den Extremitäten attraktiv gefärbt. Eine Besonderheit ist die Naht zwischen dem Vorder- und dem Hinterteil des Bauchpanzers, die eine Art Scharnier darstellt. Rücken- und Bauchpanzer sind durch eine flexible Knorpelschicht verbunden.

Weibchen und Männchen lassen sich durch die Form des Schwanzes unterscheiden: Männchen haben einen breiteren, längeren Schwanz, und die Kloake liegt weiter zur Spitze. Zudem unterscheidet sich die Augenfarbe der Geschlechter. Weibchen haben meist gelbe Augen, die Iris der Männchen ist orange bis rot. Sie sind die Einzigen ihrer Familie in der »Alten Welt«!

Art, Familie *Emys orbicularis*, Neuwelt-Sumpfschildkröten (Emydidae) | **Vorkommen** Europa (Iberische Halbinsel, Südhälfte Frankreichs, Italien, Balkanhalbinsel sowie Osteuropa bis zur Wolga, nördlichstes Vorkommen in Lettland), Maghreb-Staaten, Türkei, Nordiran | **Habitat** Seen- und Bruchlandschaften, offene, reich bepflanzte Tümpel, Seen, ruhige Fließgewässer, Altarme mit angrenzenden Wiesen und Wäldern | **Größe** variabel, bis maximal 21 Zentimeter, Männchen um 13 Zentimeter, Weibchen um 15,5 Zentimeter Panzerlänge | **Nahrung** Wirbellose und deren Larven, Wasserpflanzen, Fischlaich, Kaulquappen | **Bedrohungsstatus** nach Roter Liste gering gefährdet; nach dem Bundesnaturschutzgesetz besonders und streng geschützt | **Merke** In der Natur wird sie durchschnittlich 30 Jahre, kann aber über 50 Jahre alt werden. Den Altersrekord hält wohl ein Tier aus einem botanischen Garten in Südfrankreich mit rund 120 Jahren!

26 Falsches Chamäleon

Kubas unauffälliger Charakterkopf

Mit ihrem sehr großen Kopf ist diese tagaktive Anolisart außergewöhnlich und tanzt optisch aus der Reihe. Ein echter Charakterkopf, der sogar mit Biofluoreszenz auftrumpft. Besonders der Schädel zeigt an den knöchernen Kämmen und Rändern der Schädeldecke und den vielen kleinen knöchernen Vorsprüngen Fluoreszenz. Biofluoreszenz ist bei mehreren Echsenarten zu beobachten, so auch bei Geckos und Chamäleons. Ihre Funktion ist bisweilen unklar. Möglich, dass sie ohne Funktion und nur ein Artefakt der Eigenschaft von Knochengewebe ist. Sie könnte aber auch im dichten Wald bei der optischen Erkennung von Artgenossen hilfreich sein. Denn das Falsche Chamäleon lebt hoch oben in den Bäumen. Hier fühlt es sich wohl, andere Wohnorte meidet diese Art, die sich farblich gut getarnt in den Ästen langsam und unauffällig zu bewegen weiß.

Anolis barbatus hat mehrere Taktiken im Repertoire, um unentdeckt zu bleiben sowie nicht angegriffen zu werden: einfach nicht bewegen, Körperseiten komprimieren und größer erscheinen, als man ist. Zur Not hilft ein schmerzhafter Biss. Jedoch muss ein Beutegreifer das Tier erst einmal finden, um seiner habhaft zu werden. Das Falsche Chamäleon schmiegt sich so exzellent an den Zweig, auf dem es sitzt, dass es auch für geübte Augen kaum zu entdecken ist. Diese Art der Tarnung wird Crypsis genannt. Tagsüber sind die Tiere komplexer gefärbt als in der Nacht, in der sie einheitlich hell auf ihrem Ast schlafen. Sie sind Spezialisten darin, ihren Untergrund, die Äste und Zweige in hoher Komplexität nachzuahmen. So kann die Echse diverse Beige- bis Brauntöne annehmen und durch Muster Flechten und Moose imitieren.

Ebenso wie die Echten Chamäleons kann das Falsche Chamäleon die Augen unabhängig voneinander bewegen. So werden zwei Objekte unabhängig voneinander fokussiert. Ein großer Vorteil, wenn man ein visuell orientierter Jäger ist.

Art, Familie *Anolis barbatus*, Dactyloidae | **Vorkommen** Westkuba | **Habitat** Regenwald, immergrüner Wald, Laubwald | **Größe** bis 31,5 Zentimeter Gesamtlänge | **Nahrung** Insekten, Schnecken | **Bedrohungsstatus** nach Roter Liste potenziell gefährdet, Population unbekannt | **Merke** Diese Art wird auch Westliche Bartanolis genannt.

27 Fidschi-Leguan

Der Gebänderte von Fidschi

Die Leguane der Fidschi-Inseln sind die geografisch isoliertesten Leguanarten der Welt. Die hell- bis dunkelgrün gefärbten Tiere sind mit ihrer Optik im Lebensraum wunderbar getarnt. Die Streifen und Flecken, die vor allem bei den Männchen intensiv ausgeprägt sind, können weiß bis hellblau sein. Weibchen zeigen wesentlich weniger Flecken und Streifen. Jedes Tier trägt ein individuelles Muster, keines gleicht dem anderen. Bevorzugt hält sich der tagaktive Leguan in den Baumkronen des Regenwaldes auf. Dank seiner langen Finger und Zehen, ausgestattet mit scharfen Krallen, kann er geschickt klettern, und sein langer Schwanz hilft dabei, sich im Geäst der Baumkronen sicher fortzubewegen. Der kleinste der südpazifischen Leguane wird auch Kurzkammleguan genannt, da er vom Kopf über den Rücken bis zum Schwanz einen Kamm trägt. Bei Erregung durch Ärger oder bei der Paarung verfärben sich die Tiere intensiv, sodass sie in Grün und Blau leuchten, manchmal werden die Echsen auch tief dunkel.

Moderne Methoden der Wissenschaft und intensive Forschung führen dazu, dass zunehmend mehr Arten entdeckt werden. Die ehemals einzige Art, beschrieben im Jahr 1800, wird heute als Lau-Fidschi-Leguan bezeichnet, um ihn von den beiden »neueren«, in jüngerer Zeit anerkannten Arten zu differenzieren und seine Herkunft deutlich zu machen. 2008 wurde *Brachylophus bulabula* und 2017 *Brachylophus gau* beschrieben, *Brachylophus vitiensis* ist bereits seit 1981 bekannt. Die Arten können genetisch und anhand ihres Aussehens unterschieden werden. Als Merkmale sind hier die Anzahl der Rückenstacheln, die Körpergröße und -färbung, die Farbe und Form der Nasenlöcher und die Anzahl der Oberschenkelporen wichtig.

Der Leguanbestand hat dramatisch abgenommen. Ausgewilderte Katzen machen gerne Jagd auf die wehrlosen Echsen, verwilderte Ziegen halten die Vegetation kurz, und der Lebensraum schwindet.

Art, Familie *Brachylophus fasciatus*, Leguane (Iguanidae) | Vorkommen Osten Fidschis (Inseln der Lau-Gruppe), eingeführt in Tonga | Habitat Wald, bis in 200 Meter Höhe | Größe 60–75 Zentimeter Gesamtlänge | Nahrung Insekten, Pflanzen, Blüten | Bedrohungsstatus nach Roter Liste stark gefährdet, Population abnehmend | Merke Der Grüne Leguan (*Iguana iguana*) wurde im Jahr 2000 illegal auf den Fidschis eingeführt und wird Amerikanischer Leguan genannt, um Verwechslungen zu vermeiden. Ob er schadet, ist noch ungewiss.

28 Flachkopfschildkröte

Tarnwunder aus dem Regenwald

Diese Halswender-Schildkröte hat einen sehr flachen Panzer und Schädel, so bleibt sie im seichten Wasser liegend unentdeckt. Das nachtaktive Tier jagt in der Abenddämmerung und hat es auf kleine Beutetiere abgesehen. Trotz ihrer Schwimmhäute an allen vier Füßen ist diese Schildkröte keine gute Schwimmerin. Sie lebt sehr versteckt im Wasser und im Unterholz des Regenwaldes Südamerikas, wo sie aufgrund ihrer guten Tarnung durch Färbung und Fleckung in Braun-, Schwarz-, Gelb- und Rottönen kaum zu finden ist. Während der Trockenzeit gräbt sie sich zudem im Waldboden ein – sicher ist sicher! Da sie versteckt lebt, steht sie kaum auf dem Speiseplan der indigenen Bevölkerung und wurde auch nicht von europäischen Siedlern als Nahrungsquelle erschlossen. Zudem sind die kleinen Tiere keine lukrative Beute. Die Populationen sind daher stabil und nicht bedroht. Allerdings sind ihre Lebensräume, die naturbelassenen Regenwälder, gefährdet.

Während der Regenzeit balzt und paart sich die Flachkopfschildkröte. Beides kann sowohl im Wasser als auch an Land stattfinden. Während der Paarung bewegt das Männchen den Kopf hin und her und bespuckt das Weibchen mit Wasser aus seinen Nasenlöchern. Ein Weibchen, das ein Ei trägt, ist daran zu erkennen, dass sich die Bindegewebsschicht, die sich seitlich entlang des Rücken- und Bauchpanzers befindet, ausdehnt und als heller Streifen erscheint. So kann ihr flacher Körper das relativ große Ei beherbergen. Das meist einzige Ei wird während der anschließenden Trockenzeit in eine einfache Grube in die Laubstreu gelegt. Die junge Schildkröte benötigt 110 bis 198 Tage bis zum Schlupf.

Bei einigen Populationen dieser Art treten polyploide Tiere auf, das heißt, sie haben einen mehrfachen Chromosomensatz und sind dennoch lebensfähig. Es gab Tiere mit triploidem und sogar tetraploidem Chromosomensatz, ein »normaler« Chromosomensatz ist diploid, wie meist bei uns Menschen.

Art, Familie *Platemys platycephala*, Schlangenhalsschildkröten (Chelidae) | Vorkommen Bolivien, Brasilien, Ecuador, Surinam, Kolumbien, Französisch-Guayana, Guyana, Peru, Venezuela | Habitat Flüsse und deren Ufer (Amazonas), jeweils flache Lagunen, Teiche, Tümpel im Regenwald in 226 bis 744 Metern Höhe | Größe Männchen bis 18 Zentimeter, Weibchen bis 16,5 Zentimeter Panzerlänge | Nahrung Fische, Krebstiere, Amphibien und ihre Eier und Larven, Schnecken, Insekten, Pflanzen | Bedrohungsstatus nicht in der Roten Liste aufgeführt | Merke Die Flachkopfschildkröte wurde bereits 1792 von dem deutschen Wissenschaftler Johann Gottlob Theaenus Schneider (1750–1822) beschrieben. Es gibt zwei Unterarten.

29 Fransenschildkröte

Fetziger Saugschnapper

Meisterhaft getarnt liegt sie im Wasser ihres Sumpfes auf der Lauer. Der Sog, der durch das blitzschnell aufgerissene Maul entsteht, saugt die vorbeischwimmende Beute mit einem Happs ein – Saugschnappen ist angesagt! Mit Hautlappen am Kinn lockt sie zusätzlich ahnungslose Fische an, die gutgläubig dem vermeintlichen Wurm nachstellen und der hungrigen Schildröte so gefährlich nahe kommen. Der Panzer dieser skurril aussehenden Schildkröte ist ausgesprochen flach und am Rücken höckrig ausgebildet, Kopf und Hals sind mit Hautlappen besetzt und das ganze Tier in Tönen von Beige bis Schwarz gefleckt. Ihr gesamtes Äußeres ist auf Tarnung ausgerichtet.

Ihre Nase ist rüsselartig verlängert, sodass die Fransenschildkröte am Grund des flachen Gewässers sitzen kann und lediglich den Hals strecken muss, um zu atmen. Auftauchen unnötig! Zudem kann sie über ihre Kloake und die Rachenschleimhaut atmen und so über Stunden unter Wasser bleiben.

Die Fransenschildkröte wird auch Matamata genannt, und ihr sehr breites Maul scheint ständig zu grinsen - wobei ihre Beute nichts zu lachen hat! Obwohl ihre großen Füße über Schwimmhäute verfügen, liegt die Schildkröte lieber auf der Lauer und wartet geduldig ab. Dabei kann sie hervorragend schwimmen.

Bereits 1783 wurde die Matamata von dem deutschen Zoologen Johann Gottlob Theaenus Schneider (1750–1822) noch unter anderem Gattungsnamen beschrieben. Dieser Herpetologe beschrieb auch die Schwarznarbenkröte (*Duttaphrynus melanostictus*) und den Amerikanischen Laubfrosch (*Dryophytes cinereus*). 1806 wurde die Schildkröte von André Marie Constant Duméril (1774–1860) jedoch in ihre heutige Gattung gestellt, wo sie bis zum Jahr 2020 als einzige Art verblieb. Mittlerweile wurde eine zweite Fransenschildkröte beschrieben, nämlich die Orinoko-Fransenschildkröte (*Chelus orinocensis*) mit einem ovaleren Panzer.

Art, Familie *Chelus fimbriata*, Schlangenhalsschildkröten (Chelidae) | Vorkommen nördliches Südamerika (Bolivien, Kolumbien, Ecuador, Guyana, Peru, Französisch-Guayana, Surinam, Nord- bis Zentralbrasilien, Venezuela und Trinidad), in Florida eingeführt | Habitat Sümpfe, Bäche, langsam fließende Flüsse, Teiche, Seen | Größe bis 40 Zentimeter Panzerlänge | Nahrung Fische, Amphibien, deren Larven | Bedrohungsstatus nicht in der Roten Liste aufgeführt | Merke Nichts ist, wie es scheint!

30 Fühlerschlange

Listiger Fischliebhaber

Die Fühlerschlange hat ein bemerkenswertes Äußeres. Die relativ kleine Schlange ist sehr gut an das Leben im Wasser angepasst und bewohnt hauptsächlich Süßgewässer, ist aber auch im Brack- und Salzwasser zu finden. In der Trockenzeit vergräbt sie sich im Matsch und harrt hier bis zur Regenzeit aus.

Die dunkle Fühlerschlange ist manchmal sogar mit Algen bewachsen, so fällt sie kaum auf. Mit Hilfe ihres Greifschwanzes verankert sich der Wasserbewohner an Pflanzen oder Zweigen. So verharrt sie unbeweglich und ist weder für ihre Feinde noch für ihre Beute zu erkennen. Da sie auf Höhe der Augen auf jeder Oberkieferseite je einen Furchengiftzahn trägt und diesen auch aktiv nutzt, zählt sie zu den Trugnattern. Ihr Gift ist für den Menschen relativ ungefährlich, sie beißt auch selten zu.

Auffällig sind die fühlerähnlichen, nach vorne gerichteten Hautfortsätze am länglichen, viereckigen Kopf. Sie sind fast zwei Zentimeter lang und dienen der Ortung und Größenbestimmung der Beute, indem sie nahe Wasserbewegungen erfassen. Diese praktischen Kopfanhänge brachten dieser Schlange auch den Namen Tentakelschlange ein. Bei der Jagd macht sich die Fühlerschlange das Fluchtverhalten der Fische zunutze. Sie verharrt, indem sie ihren Vorderkörper in einem Bogen krümmt, wartend auf die Beute. Im passenden Moment löst die Schlange durch Muskelzuckungen an der Körperstelle, die genau gegenüber ihrem eigenen Kopf liegt, den Fluchtreflex des Fisches aus. Dieser sogenannte C-Start-Reflex beim Fisch bewirkt, dass sich dieser in wenigen Millisekunden in Form eines »C« krümmt, um dem Jäger zu entkommen. Das funktioniert jedoch nicht bei der Fühlerschlange. Hier hat es den gegenteiligen Effekt, und der Fisch landet vor ihrem Maul. Erstaunlich ist, dass die Schlange die Position des Fisches vorhersehen kann, um richtig zu reagieren. Diese Fähigkeit ist in ihren Grundzügen angeboren und wird von der Fühlerschlange im Laufe ihres Lebens perfektioniert.

Art, Familie *Erpeton tentaculatum*, Wassertrugnattern (Homalopsidae) | Vorkommen Südostasien (Thailand, Kambodscha, Südvietnam) | Habitat Feuchtgebiete, stehende und fließende Gewässer, Tümpel, Reisfelder | Größe 80–90 Zentimeter Gesamtlänge | Nahrung Fische, Krebstiere | Bedrohungsstatus nach Roter Liste nicht gefährdet, Bestand unbekannt | Merke Bei der Fühlerschlange werden zwei Varianten unterschieden, eine gestreifte und eine gefleckte Form.

31 Gabunviper

Wehe, wenn sie das Maul aufreißt

Der zentralafrikanische Regenwald schwindet, da der menschliche Bedarf an seltenen tropischen Hölzern und landwirtschaftlich nutzbarer Fläche stetig zunimmt. Durchstreift man die verbliebenen Waldflächen und ist dabei nicht sonderlich aufmerksam, kann es zu einer folgenschweren Begegnung kommen. Am laubbedeckten Waldboden verbirgt sich ein Tier, das dank seines sehr regelmäßigen, symmetrischen Farbmusters aus Strichen und Zickzackbändern, Dreiecken, Rhomben, sanduhr- und quaderförmigen Flecken nicht zu entdecken ist. Die Tarnung ist perfekt und das Tier eine wahre Schönheit. Obwohl ausgewachsene Vipern dieser Art so dick wie ein menschlicher Oberschenkel werden können, ist diese Giftschlange leicht zu übersehen. Es handelt sich um eine plumpe Art, die auch nicht die längste der afrikanischen Giftschlangen ist. Der flache, dreieckige Kopf kann bei großen Gabunvipern dennoch größer sein als eine Männerhand. Und genau hier verbirgt sich das, was diese Schlange so besonders macht.

In zwei Bindegewebsfalten im Gaumendach liegen »eingeklappte« Giftzähne, die beim Aufreißen des Mauls senkrecht zum Oberkiefer aufgerichtet werden. Das Besondere an diesen beweglichen, röhrenartigen Giftzähnen ist ihre enorme Länge! Bei großen Exemplaren können sie ganze fünf Zentimeter lang sein.

Der Biss der nachtaktiven Schlange erfolgt mit großer Wucht. Mit einer Geschwindigkeit von bis zu 70 Stundenkilometer schnellt der Kopf vor, und die langen Zähne können sich tief ins Gewebe der Beute bohren. Die Giftzähne fallen in regelmäßigen Abständen aus und werden ersetzt, sicher ist sicher. Auch die Menge an Gift, die bei einem Biss abgegeben werden kann, ist nicht unerheblich. Das Gift der Gabunviper besteht zu etwa gleichen Teilen aus hämo- und neurotoxischen Bestandteilen. Es wirkt also sowohl auf das Blut und das Gewebe des Opfers als auch auf das zentrale Nervensystem.

Art, Familie *Bitis gabonica*, Vipern (Viperidae) | Vorkommen Zentralafrika (Angola, Benin, Kongo, Demokratische Republik Kongo, Gabun, Kenia, Mosambik, Nigeria, Südafrika, Südsudan, Vereinigte Republik Tansania, Uganda, Sambia, Simbabwe) | Habitat tropischer Regenwald, gerne in der Nähe von Gewässern, Savanne, Gras- und Buschland, bis 2.100 Meter Höhe | Größe bis 200 Zentimeter Gesamtlänge | Nahrung Nagetiere, Eidechsen, Frösche, gelegentlich Vögel | Bedrohungsstatus nach Roter Liste gefährdet, Population abnehmend | Merke Vorsicht! Die Gabunviper nimmt den Mund ziemlich voll, dank der längsten Giftzähne.

32 Galápagos-Riesenschildkröte

Die Ikonen unter den Landschildkröten

Keine Schildkrötengruppe ist berühmter als die Riesenschildkröten der Galápagos-Inseln. Wurde doch Charles Darwin, der 1835 die Pazifikinseln besuchte, von der Tier- und Pflanzenwelt Galápagos' zur Formulierung seiner Theorie der Evolution durch natürliche Selektion inspiriert. Er brachte sogar Exemplare der charismatischen Riesen nach Europa, wie Harriet, die erst 2006 im Alter von etwa 176 Jahren, allerdings in Australien verstarb.

Die Vorfahren der Galápagos-Riesenschildkröten kamen vor Millionen Jahren auf schwimmfähigem Material vom Festland, der Küste Ecuadors, auf dem Archipel an. Die Tiere breiteten sich auf den Inseln aus und bildeten bis zu 15 Unterarten. Die Inseln wurden von Seefahrern sogar nach den riesigen Bewohnern benannt. »Galápago« ist ein uralter spanischer Begriff für Schildkröte! Je nach Insel, Habitat und vorhandenen Futterpflanzen sind die Tiere im Körperbau unterschiedlich entwickelt: mal mit sehr langem, mal mit kurzem Hals und verschiedenen Panzerformen. Sie sind das klassische Beispiel für eine anpassungsfähige Inselradiation.

Kaum eine Tierart schaut ausdauernder und scheinbar gelassener dabei zu, wie die Zeit vergeht, als Schildkröten. Die älteste lebende Schildkröte bewohnt den Garten des Gouverneurs der Atlantikinsel St. Helena. Jonathan kam etwa 1832 zur Welt und ist somit über 190 Jahre jung. Er ist definitiv der Star der Insel. Sein Konterfei schmückt die Rückseite der Fünf-Pence-Münze, und ihm zu Ehren gibt es einen Song auf der Internetseite der Insel! Die enorm alt werdenden Schildkröten sind auch bei Forschern begehrt. Man erhofft sich Antworten in Hinblick auf Alterung und Krebsforschung, denn Schildkröten sind hier genetisch anders aufgestellt als wir Menschen. Ihre Gene unterdrücken die Tumorbildung, und legendär sind ihre Langlebigkeit und Gelassenheit, von der wir viel lernen können.

Art, Familie *Chelonoidis nigra* Artenkomplex, Landschildkröten (Testudinidae) | **Vorkommen** Ecuador (Galápagos-Archipel) | **Habitat** verschieden, je nach Insel: trocken bis regenfeucht, Laubwald, Savanne, Grasland | **Größe** Männchen bis 134 Zentimeter, Weibchen bis 80 Zentimeter Panzerlänge, bis 290 Kilogramm | **Nahrung** vegetarisch: Gräser, Blätter, Kräuter, Früchte, Beeren, Flechten, Kakteen | **Bedrohungsstatus** nach Roter Liste gefährdet bis kritisch von Ausrottung bedroht | **Merke** »Lonesome George«, eine Pinta-Riesenschildkröte (*Chelonoidis nigra abingdonii*) starb am 24. Juni 2012, einsam und ohne Nachkommen, da er sich dem Sex verweigerte. So starb die vierte Unterart dieser charismatischen Tiere aus. Unser Bild zeigt Nigrita (77), eine *Chelonoidis nigra porteri* (Zoo Zürich).

33 Gangesgavial

Der Flussspezialist mit der Knollennase

Das Tier mit der extrem schmalen, langen Schnauze ist an das Leben im Fluss exzellent angepasst. Hier spielt sich sein ganzes Leben ab, der Fluss, sein Wasserstand und die Regenfälle bestimmen den Lebensrhythmus. Mit ihrem kräftigen, langen Ruderschwanz können Gangesgaviale exzellent schwimmen. Die Form der Schnauze und die 110 spitzen Zähne verraten ihre bevorzugte Beute: Fisch. Sandbänke sind neben dem Fluss für Gaviale sehr wichtig. Hier ruhen sie, aalen sich in der Sonne, legen Nester an und ziehen ihre Jungen groß. Männchen legen sich einen Harem zu und verteidigen diesen.

Der ungewöhnliche Name Gavial, im Englischen Gharial, stammt vom Hindi-Wort »ghara« für Topf ab, was den Knubbel an der Nase der geschlechtsreifen männlichen Gaviale beschreibt und nach dem dieser auch benannt ist. Anhand der Ghara können Männchen von Weibchen unterschieden werden. Damit sind sie die einzigen Krokodile mit einem deutlichen Sexualdimorphismus. Doch wozu dient die Ghara? Unterhalb des Auswuchses liegen die Nasenlöcher, durch die die Tiere nicht nur atmen, sondern auch Töne abgeben, die mit Hilfe der Ghara variiert und verstärkt werden.

Mit sechs Metern Gesamtlänge waren die Gaviale einst, nach dem Leistenkrokodil, die größten Krokodile der Welt. Doch schon lange erreichen sie solche Längen nicht mehr. Der Bestand der früher häufigen Art ist bis auf wenige hundert Tiere geschrumpft. Im Chambal und im Girwa-Fluss in Indien leben 80 Prozent der weltweit existierenden Gangesgaviale. Um die Zukunft der Art zu sichern, wurde ihre genetische Vielfalt untersucht. Die Forscher mussten feststellen, dass diese bereits sehr verarmt ist. Ein Plan muss erarbeitet werden, wie durch Umsetzaktionen, Zucht und die Auffrischung der Wildpopulation durch Tiere aus menschlicher Obhut die genetische Vielfalt der letzten Gaviale optimiert und die Art für das Überleben in der Zukunft gestärkt werden kann.

Art, Familie *Gavialis gangeticus*, Gaviale (Gavialidae) | **Vorkommen** Nordindien, Tiefland in Nepal (jeweils in mehreren, weit voneinander getrennten Gebieten) | **Habitat** fließende Gewässer, Flüsse mit Sandbänken und -ufern | **Größe** Männchen 400–450, maximal über 700 Zentimeter, Weibchen 350–450 Zentimeter Gesamtlänge | **Nahrung** hauptsächlich Fisch, auch mal Wasserschildkröten, Vögel, Säugetiere | **Bedrohungsstatus** nach Roter Liste kritisch von Ausrottung bedroht, Population zunehmend | **Merke** In der indischen Mythologie sind Gaviale das heilige Reittier der Göttin Ganga.

34 Geierschildkröte

Geschickte Jägerin mit schlechtem Ruf

Sie ist die größte im Süßwasser lebende Schildkröte der Welt und hat zudem bestimmt auch den miserabelsten Ruf überhaupt. Dies liegt unter anderem an ihrem enorm bulligen Körper.

Die Geierschildkröte ist eine Lauerjägerin, die eine geschickte Jagdtaktik entwickelt hat, um sicher an Beute zu kommen. Fische lockt sie mit Hilfe eines wurmähnlichen Zungenfortsatzes an, der im unteren Teil ihres Mauls zu finden ist. Diese rötliche Struktur wackelt wie ein Wurm hin und her, während die Schildkröte ihr großes, dunkles Maul weit aufgesperrt hält. So wartet sie geduldig, bis ein Fisch anbeißt, dann schlägt sie zu und schnappt sich die Beute.

Diese Jagdtaktik und die damit einhergehende körperliche Anpassung sind einzigartig. Damit diese Tiere nicht in die heimische Natur geraten, sind Haltung, Zucht und Handel mit dieser Art in Deutschland stark eingeschränkt.

Die Geierschildkröte verlässt nur zur Eiablage das Wasser und bewegt sich grundsätzlich wenig. So ist der Panzer des Tieres häufig mit Algen bewachsen – eine willkommene Tarnung für die Schildkröte. Mit einer Kraft von 120 bis 354 Newton kann das Tier zubeißen, je nach Körpergewicht. Anders als die meisten Schildkröten sonnt sich die Geierschildkröte selten und ist meist nachtaktiv.

Geier- und Schnappschildkröten haben nicht nur den schlechten Ruf und ihre Gefräßigkeit gemeinsam, sie gehören auch beide zu den Alligatorschildkröten. Die Arten lassen sich optisch aber leicht unterscheiden: der Rückenpanzer der Geierschildkröte hat drei hoch aufgewölbte Kiele, zudem ist ihr Schwanz sehr lang, die Schnauze ist spitzer, und die Augen sitzen seitlicher am Kopf. Dieser massige Kopf hat einen stark ausgeprägten Schnabel, der im Ober- und Unterkiefer jeweils mittig ausläuft. Der Schnabel erinnert an den eines Geiers und brachte der Schildkröte ihren Trivialnamen ein.

Art, Familie *Macrochelys temminckii*, Alligatorschildkröten (Chelydridae) | **Vorkommen** Südosten der USA (Florida bis Ost-Texas und Ost-Missouri bis Süd-Illinois) | **Habitat** Süßwasserflüsse, Sümpfe, Tümpel, Seen, gerne schlammiger Grund | **Größe** Männchen bis 77,5 Zentimeter, Weibchen bis 53,3 Zentimeter Panzerlänge | **Nahrung** Fische, Reptilien, Amphibien, Wirbellose, kleine Säugetiere (Nutrias), Pflanzen | **Bedrohungsstatus** nach Roter Liste gefährdet, Population unbekannt | **Merke** In den USA wurden die Tiere lange Zeit für Schildkrötensuppe gefangen und so verspeist.

35_Gewöhnliche Höckerechse

Echse mit unterkühltem Dasein

In der Familie der Höckerechsen sind aktuell 13 Arten beschrieben. *Xenosaurus grandis* war 1856 die erste wissenschaftlich beschriebene Art dieser Eidechsenfamilie, die anderen Arten folgten erst weit später, im 20. Jahrhundert. Die Gewöhnliche Höckerechse hat mehrere, weit voneinander entfernte Verbreitungsgebiete von Mexiko bis Guatemala. Möglicherweise handelt es sich hier um verschiedene Unterarten, die teils auch eigenständige Arten sein könnten. Die geografisch voneinander isolierten Populationen zeigen deutliche Unterschiede in ihren Überlebensstrategien. Die flach gebaute Höckerechse verbirgt sich bevorzugt in Felsspalten oder in Baumhöhlen. Die dunkel gefärbten Tiere sind gut getarnt und in der Natur schwer zu finden. Dennoch machen gewiefte Schmuggler Jagd auf sie, um sie für den Heimtierhandel zu fangen. Die Jagd, der Klimawandel und ganz besonders der Lebensraumverlust bedrohen den Fortbestand dieser Art.

Einige Höckerechsen, so auch die Gewöhnliche Höckerechse, lieben kühle Umgebungstemperaturen. Die tagaktiven Tiere fühlen sich bei 18 bis 23 Grad Celsius am wohlsten und weisen auch entsprechend kühle Körpertemperaturen auf. Die Echsen leben bevorzugt allein und sind untereinander sehr aggressiv. Zur Paarung kommen sie zusammen, aber dann muss es passen, sonst wird nichts aus einer harmonischen Beziehung. Die Trächtigkeit dauert rund neun bis zehn Monate, dann werden vier bis acht Jungtiere geboren. Offenbar gebären die Weibchen nur alle zwei Jahre.

Klimaforscher kalkulieren gerade für Arten, die kühle Habitate bevorzugen, zukünftig eine dramatische Verringerung der adäquaten Lebensräume. Bei der errechneten Größenordnung der globalen Erwärmung kann dies auch für diese Höckerechse zutreffen, da sie nicht auf höher gelegene Bereiche ausweichen kann, denn diese Areale sind bereits vom Menschen besetzt.

Art, Familie *Xenosaurus grandis*, Höckerechsen (Xenosauridae) | **Vorkommen** Zentral- und Südmexiko bis Guatemala, vereinzelte Populationen weit voneinander entfernt | **Habitat** verschiedene Waldformen (Regenwald bis Kiefern-Eichenwald), Gras- und Buschland, Felsregionen in Höhen von 800 bis 1.200 Meter | **Größe** bis 25 Zentimeter Gesamtlänge | **Nahrung** Insekten, deren Larven, Spinnentiere | **Bedrohungsstatus** nach Roter Liste gefährdet, Population abnehmend | **Merke** Diese Echse ist ovovivipar, sie gebärt lebende Jungtiere, die sich vor der Geburt im Mutterleib vom Dotter des Eis ernähren.

36 Gewöhnliches Chamäleon

Europas Chamäleon!

Na ja, zugegeben, das Gewöhnliche oder Europäische Chamäleon hat sein Verbreitungsgebiet zwar nicht in Deutschland, aber es ist doch toll, eine so exotisch anmutende Reptilienart beinahe in der Nachbarschaft zu haben. Da muss man nicht bis nach Madagaskar reisen, wo besonders viele Chamäleonarten leben, um bei einer Wanderung einem solchen Tier zu begegnen – pah, die Iberische Halbinsel reicht auch! Gut, natürlicherweise kommt das Gewöhnliche Chamäleon hier eigentlich nicht vor. Diese Art wurde wahrscheinlich von Menschen ausgesetzt. Auf der Iberischen Halbinsel gibt es eine Population an der Algarve (Portugal) und einige in Andalusien, Spanien (Almeria, Granada, Málaga, Cádiz und Huelva). Es wird angenommen, dass die spanischen Gründertiere im 18. oder 19. Jahrhundert dorthin gelangten und die portugiesischen Tiere in den 1920er Jahren. Wann aber genau und woher die Gründertiere stammten, ist bis heute ihr Geheimnis.

Die meisten Chamäleons zeichnen sich durch ganz besondere Eigenheiten aus. Sie haben eine extrem lange Schleuderzunge, die oft länger ist als ihr gesamter Körper. Ihre Augen sind unübersehbar etwas Besonderes und können vom Chamäleon unabhängig voneinander bewegt werden. Die Extremitäten haben sich zu einer Art Greifwerkzeug entwickelt, indem einzelne Finger miteinander verwachsen sind, eine Anpassung an das Leben in den Bäumen.

Und als wäre das nicht genug, können sie auch noch ihre Farbe wechseln, als besondere Form der Kommunikation. Auch wenn Chamäleons doch sehr verschieden sind, haben sie alle gemeinsam, dass sie sich im Lebensraum gut tarnen und meist eine blattartige Körperform haben. So auch das Gewöhnliche Chamäleon. Besonders bei dieser Art ist, dass die Tiere während der kalten Jahreszeit eine Winterruhe halten, bei der sie sich oft gemeinsam in Höhlen zurückziehen. Das muss ihre tropische Verwandtschaft nicht.

Art, Familie *Chamaeleo chamaeleon*, Chamäleons (Chamaeleonidae) | **Vorkommen** Ägypten, Algerien, Griechenland (Samos, Chios), Irak, Israel, Jemen, Jordanien, Libanon, Libyen, Malta, Marokko, Saudi-Arabien, Arabische Republik Syrien, Tunesien, Türkei, Westsahara, Zypern; eingeführt in Spanien und Portugal, Madeira | **Habitat** Wald, Buschland, Savanne, Oasen, Gärten, Plantagen, bis 1.850 Meter Höhe | **Größe** 20–30 Zentimeter Gesamtlänge | **Bedrohungsstatus** nach Roter Liste nicht gefährdet, Population stabil | **Merke** Alles andere als gewöhnlich! Die Tiere der Iberischen Halbinsel gehören der Unterart *Chamaeleo chamaeleon chamaeleon* an.

37 Glattrand-Gelenkschildkröte

Gelenkige Schildkröte mal andersrum

Eigentlich wurde diese Art bereits 1886 von Fernand Lataste (1847–1934), einem französischen Zoologen, wissenschaftlich beschrieben. Aber erst nach genetischen Untersuchungen durch Wissenschaftler des Senckenberg-Forschungsinstituts in Dresden 2012 gilt sie wieder als eigenständige Art. Bis dahin war sie als Unterart von *Kinixys belliana* gelistet. Und so gibt es gleich acht Arten der Gattung. Genauer gesagt heißt diese Art nun auch Westafrikanische Glattrand-Gelenkschildkröte – Unterscheidung muss ja sein! Als einzige Art ihrer Gattung hat sie vier Krallen an den vorderen Gliedmaßen.

Die Mitglieder der Gattung *Kinixys* zeichnen sich durch ein Gelenk im hinteren Teil ihres Rückenpanzers aus, das es den Tieren erlaubt, diesen Teil nach unten zu klappen. So können sie diesen Bereich des Panzers verschließen und sind hier gegen Beutegreifer geschützt. Das sieht ein bisschen so aus, als ließen sie das Visier eines Ritterhelms herunter. Mit dem vorderen Teil können sie sich derweil in einer Felsspalte verbergen. Die Raffinesse, den Panzer durch ein Scharnier zusammenzuklappen, haben unabhängig voneinander verschiedene, nicht enger miteinander verwandte Schildkrötengattungen entwickelt, so auch die Scharnierschildkröten (*Cuora*) und die Dosenschildkröten (*Terrapene*). Auch die Gattung *Emys*, vertreten durch unsere Europäische Sumpfschildkröte, hat ein bewegliches Häutchen im Bauchpanzer. Durch die Möglichkeit des Verschließens des hinteren Panzerteils ist es für ein *Kinixys*-Männchen nicht möglich, sich mit einem Weibchen zu paaren, wenn es dies nicht möchte. Sie macht dann einfach dicht, wie eine eiserne Jungfrau!

Als besondere Anpassung an ihren trockenen Lebensraum trägt diese Schildkröte einen Flüssigkeitsvorrat in ihren Analsäckchen mit sich. Gut gefüllt, nehmen diese einen großen Teil der Leibeshöhle ein. Schildkröte mit eigenem Wasserreservoir im Po.

Art, Familie *Kinixys nogueyi*, Landschildkröten (Testudinidae) | Vorkommen Benin, Burkina Faso, Kamerun, Zentralafrikanische Republik, Tschad, Kongo, Gambia, Ghana, Guinea, Guinea-Bissau, Elfenbeinküste, Mali, Mauretanien (?), Niger, Nigeria, Senegal, Sierra Leone, Südsudan, Togo | Habitat Savanne, Grasland, Trockenwald, Buschland | Größe bis 28 Zentimeter Panzerlänge | Nahrung Grünpflanzen, Wirbellose, Aas von Amphibien | Bedrohungsstatus nicht in Roter Liste aufgeführt, gilt aber im Bestand als gefährdet | Merke Das Scharniergelenk wurde mehrfach »erfunden«, ist aber immer wieder faszinierend!

38 Glattrücken-Schlangenhalsschildkröte

Mal den Hals so richtig lang machen

Der lange Hals und der kleine, schmale Kopf sind die auffälligsten Merkmale dieser tagaktiven Schildkröte und zusammen ebenso lang wie der Rückenpanzer. Sie ist eine Halswender-Schildkröte, die ihren Hals bei Bedarf dicht an den Körper unter den Rückenpanzerrand legt. Der ovale Panzer ist flach, und die paddelförmigen Füße besitzen Schwimmhäute und sind damit hervorragend zum Schwimmen geeignet.

Es drängt sich die Frage auf, weshalb der Hals dieser und anderer Schlangenhalsschildkröten-Arten so lang ist. Diese Halsform hat sich bei einigen Schildkrötenarten auf gleich mehreren Kontinenten entwickelt. So schlecht kann ein Giraffenhals also nicht sein. Viele Landschildkröten sind Pflanzenfresser, was auch daran liegt, dass sie nicht die schnellsten sind und die vegetarische Kost schlicht nicht vor ihnen weglaufen kann. So bot es sich an, Vegetarier zu werden, auch wenn sich der Magen-Darm-Trakt entsprechend anzupassen hatte. Andere wiederum sind Allesfresser und vertilgen auch mal Aas oder kleine Wirbellose wie Schnecken – denen kann man auch als Schildkröte nachstellen. Wasserschildkröten bietet sich Fisch als Beute an, und so entwickelten sie verschiedene Fangtechniken, um der flinken Beute habhaft zu werden. Der lange Hals hat sich möglicherweise für ein optimales Fangergebnis entwickelt.

Der 1871 in Australien eingeschleppte Europäische Rotfuchs (*Vulpes vulpes*) soll schuld am Rückgang zahlreicher Wasserschildkrötenarten sein. Allerdings zeigen erste Studien, dass dieser Nesträuber nicht die einzige Ursache sein kann. Der Fuchs hat offenbar den Platz eines heimischen Räubers eingenommen, der selber bedroht ist. Füchse fressen 108 australische Reptilienarten, Hauskatzen jedoch 263 Arten, wobei Füchse vermehrt Eier klauen.

Art, Familie *Chelodina longicollis*, Schlangenhalsschildkröten (Chelidae) | **Vorkommen** Australien (Neusüdwales, Queensland, Victoria, Südaustralien) | **Habitat** Überschwemmungsgebiete, Sümpfe, Flüsse, Lagunen, jeweils mit angrenzenden Uferzonen | **Größe** Männchen 24,9 Zentimeter, Weibchen 28,2 Zentimeter Panzerlänge | **Nahrung** Krebstiere, Wirbellose, Fische | **Bedrohungsstatus** nicht in der Roten Liste aufgeführt | **Merke** Australien hat 230 (!) invasive Arten, die 82 Prozent der heimischen Natur kritisch bedrohen! Allen voran das Europäische Kaninchen (*Oryctolagus cuniculus*), das Wildschwein (*Sus scrofa*) und die Hauskatze.

39 Griechische Landschildkröte

Namensirrungen um ein beliebtes Heimtier

Die Griechische Landschildkröte ist hierzulande als Haustier beliebt. Wobei Haustier eigentlich der falsche Begriff ist, denn wird sie angemessen gehalten, darf sie die meiste Zeit ihres Lebens im Garten ihrer Halter die Sonne genießen, knabbert Gräser und Wiesenkräuter. Bedenkt man, dass diese Schildkröten mit über 80 Jahren relativ alt werden können, sollte man möglicherweise für die Tiere testamentarisch vorsorgen.

Dass die Griechische Landschildkröte wissenschaftlich *Testudo hermanni* und nicht *Testudo graeca* heißt, was ja naheliegend wäre, liegt an einem Fehler, der seinerzeit einem Wissenschaftler unterlief. So ein Pech! So laufen nun zwei Schildkröten unter falschen Namen umher. Denn *Testudo graeca* lebt nicht, wie der Name vermuten lässt, in Griechenland, sondern bewohnt als Maurische Landschildkröte Nordafrika und den östlichen Mittelmeerraum bis Asien. Diese Art wurde von Carl von Linné 1758 höchstpersönlich in seinem Werk »Systema Naturae« beschrieben. In der zehnten Auflage legte der große Wissenschaftler zudem den Grundstein für die Systematik, also die Sortierung der Arten: Alle Arten bekamen einen Gattungsnamen, hier *Testudo*, gefolgt vom Artnamen *graeca* und bei Bedarf einem weiteren Namen für die Unterart. In der kompletten wissenschaftlichen Benennung folgen noch der Name des erstbeschreibenden Wissenschaftlers und das Jahr, also *Testudo graeca* Linneus, 1758. Leider gab es kein Belegexemplar für diese »Griechische Landschildkröte«, die in Wahrheit eine Maurische sein sollte.

Als Johann Friedrich Gmelin 1789 eine neue Art Landschildkröte beschreiben wollte, die aber anders aussah und wirklich aus Griechenland stammte, benannte er diese zu Ehren des Professors für Naturgeschichte und Herpetologen in Straßburg Jean Hermann (1738–1800), *hermanni*. Welch Durcheinander, die Herren Professoren!

Art, Familie *Testudo hermanni*, Landschildkröten (Testudinidae) | Vorkommen Mittelmeerraum Europas (Küste Spaniens, Mallorca und Menorca, Südostfrankreich, Korsika, Sardinien, Asinara, Sizilien, Küstenebene italienische Halbinsel, Küste Kroatiens, Küste Bosnien-Herzegowinas, Küste Montenegros, Zentral- und Südserbien, Rumänien, Bulgarien, Mazedonien, Albanien, Griechenland, Korfu), Türkei | Habitat Eichenwälder, Gras- und Buschland, Parklandschaften | Größe rund 20 Zentimeter Panzerlänge | Nahrung Pflanzen, Gräser, Wildkräuter, Beeren, Früchte | Bedrohungsstatus nach Roter Liste potenziell gefährdet, Population abnehmend | Merke Zwei Unterarten: die westliche (*Testudo hermanni hermanni*) und die östliche (*Testudo hermanni boettgeri*) Form. Um diese Unterarten gab es ebenfalls Verwirrungen bei der Namensgebung – aber das ersparen wir uns hier!

40 Grünaugengecko

Der Gecko mit den smaragdgrünen Augen

Dieser große, nachtaktive Gecko lebt in Familiengruppen auf großen Bäumen im Regenwald. Smiths Grünaugengecko ist unauffällig gefärbt, was ihm in seinem Lebensraum zugutekommt, aber seine Augen leuchten smaragdgrün. Die senkrechte, schlitzförmige Pupille verrät seine nächtliche Lebensweise. Zahlreiche Jäger, die in der Nacht auf Beutefang gehen, haben schlitzförmige Pupillen. Der Grünaugengecko hat zudem vier rautenförmige Flächen in diesem Schlitz. Wenn sich die Pupille ganz öffnet, wird sie kreisförmig und vergrößert ihre Fläche um das rund 300-Fache. So erlaubt die Pupille die Kontrolle über die Belichtung der Netzhaut bei Licht und Dunkelheit. Die menschliche Pupille schafft nur eine Änderung um das 15-Fache!

Dieser Gecko ist wie viele seiner Verwandten aus der Gattung *Gekko* sehr angriffslustig und verteidigt sich mutig mit kräftigen Bissen. Hat sich ein Grünaugengecko erst einmal verbissen, lässt er so rasch auch nicht wieder los! Da ist Geduld gefragt, die spitzen kleinen Zähnchen halten sicher fest, und der Gecko hat Ausdauer.

Innerhalb der Grünaugengeckos gibt es einen enormen Größenunterschied von mehr als zehn Zentimetern, je nachdem ob die Tiere aus Indonesien oder aus Malaysia stammen. Zudem sind in den verschiedenen Verbreitungsgebieten stets Unterschiede in der Färbung und Musterung der Tiere aufgefallen. Daher wird der Grünaugengecko-Komplex überarbeitet. 2022 wurde bereits eine neue Art beschrieben, die sich von *Gekko smithii* durch bedeutende Merkmale unterscheidet. Diese Art wurde nach einer fiktiven Comic-Superheldenfigur aus dem Marvel-Universum, geschaffen im Jahr 1962 von Stan Lee und dem Künstler Jack Kirby, benannt: dem Unglaublichen Hulk. Die Wissenschaftler fanden wohl Parallelen zwischen dem unbändigen, aggressiven Temperament des grünhäutigen Hulk und dem Charakter des grünäugigen Geckos und nannten ihn *Gekko hulk*.

Art, Familie *Gekko smithii*, Geckos (Gekkonidae) | Vorkommen Indien (Andamanen-Inseln), Indonesien (Sulawesi, Sumatra, Kalimantan), Malaysia (Sarawak, Sabah, thailändisch-malaiische Halbinsel), Singapur, Thailand | Habitat tropische und subtropische Primär- und Sekundärwälder, Sümpfe, bis in 1.000 Meter Höhe | Größe 26 – 38 Zentimeter Gesamtlänge, Weibchen kleiner als Männchen | Nahrung Insekten, Spinnentiere | Bedrohungsstatus nach Roter Liste nicht gefährdet, Population stabil | Merke Grüne Augen haben nicht nur Katzen!

41 Grüne Ameive

Die Eidechse der Neuen Welt

Die Familie der Schienenechsen gilt als das Gegenstück zu den Echten Eidechsen (Lacertidae) der »Alten Welt«. Die Grüne Ameive gehört zu den am längsten bekannten Arten. Den Einheimischen war sie natürlich schon lange bekannt, bevor europäische Wissenschaftler ihr Interesse an diesem Tier bekundeten. Aber ihre allererste Beschreibung erfolgte in der »Historiae Rerum Naturalium Brasiliae« von George Marcgrave im Jahr 1648. Marcgraves einheimische Gastgeber nannten diese Echse »Ameive«. Sie sprachen noch die heute ausgestorbene indigene Tupí-Sprache, und Marcgrave übernahm die Bezeichnung für diese Echse. In seinem für die Wissenschaft wegweisenden Werk »Systema Naturae« beschrieb Carl von Linné 1758 erstmals die Ameive als *Lacerta ameiva* und zitiert bei der Artbeschreibung ältere Werke, die sich auf Marcgrave stützen.

Der Körper der tagaktiven Ameive kann sehr variabel auffällig grün, türkis bis blaubraun gefärbt sein, je nach Verbreitungsgebiet. Ihr Schwanz ist stets sehr lang und macht rund 70 Prozent ihrer Gesamtlänge aus.

Die Lebenswelt der Ameive hat sich in den vergangenen Jahrzehnten entscheidend geändert. Durch künstliche Helligkeit in der Nacht (Lichtverschmutzung) ist ein neuer »Lebensraum« entstanden. Diese sogenannte Nachtlicht-Nische kann durch tagaktive Arten besetzt werden, was entscheidende biologische Konsequenzen nach sich zieht, da diese Arten ihre täglichen Aktivitätsmuster verschieben. Der Rhythmus zwischen Hell und Dunkel ist für wichtige Lebensabläufe wie Nahrungssuche, Ruhe, Partnersuche und Schutz vor Beutegreifern bedeutend. Die Grüne Ameive verschiebt ihre Aktivitätszeiten zugunsten einer erfolgreichen Jagd ins Scheinwerferlicht der Nacht hinein. Mittlerweile ist von mehr als 40 verschiedenen Echsenarten bekannt, dass sie sich die effektive Jagd nach Insekten unter und an Laternen zunutze machen.

Art, Familie *Ameiva ameiva*, Schienenechsen (Teiidae) | **Vorkommen** Südamerika (Argentinien, Bolivien, Brasilien, Kolumbien, Costa Rica, Ecuador, Französisch-Guayana, Guyana, Honduras, Panama, Paraguay, Peru, Surinam, Trinidad und Tobago, Venezuela), eingeführt in den USA (Florida) | **Habitat** Wald, Gras- und Buschland, Savanne, Kulturfolger | **Größe** bis 64 Zentimeter Gesamtlänge | **Nahrung** Insekten, selten kleine Eidechsen, Eier und Pflanzen | **Bedrohungsstatus** nach Roter Liste nicht gefährdet, Population stabil | **Merke** Die Evolution nutzt auch »moderne« Nischen.

42 Grüne Anakonda

Ein Schwergewicht, das auch fasten kann

Im nördlichen Südamerika lebt eine Riesenschlange, die diesen Namen auch wirklich verdient. Die Grüne oder auch Große Anakonda kann eine Länge von bis zu neun Metern erreichen und ein Gewicht von maximal 250 Kilogramm auf die Waage bringen. Die Regenwaldflüsse und deren Überflutungsgebiete sind ihr bevorzugter Lebensraum.

Anakondas können hervorragend schwimmen und bis zu einer Dreiviertelstunde tauchen. Während der Nahrungssuche verharren sie oft stundenlang bewegungslos am Ufer und warten auf Beute, die das Gewässer zum Trinken aufsucht. Je nach Größe der Schlange werden Hirsche, Kaimane oder Wasserschweine überwältigt und verschlungen. Nicht jeder Versuch verläuft erfolgreich. Nach einer solch üppigen Mahlzeit kann eine Anakonda in schlechten Zeiten bis zu 1,5 Jahre fasten.

Auch bei der Fortpflanzung geht diese ungiftige Würgeschlange ungewöhnliche Wege. Mit Beginn der Trockenzeit startet auch die Paarungszeit. Durch Lockduftstoffe, Pheromone genannt, die von adulten weiblichen Schlangen über die Haut abgegeben werden, signalisieren sie ihre Paarungsbereitschaft. Die deutlich kleineren Männchen werden wie durch Magie angezogen. So kommt es vor, dass mehrere Männchen auf ein Weibchen treffen. Doch statt um das Vorrecht der Paarung zu kämpfen, darf jeder Anakonda-Mann sein »Glück« versuchen. Auf diesem Wege entstehen regelrechte Paarungsknäule, die aus einem Weibchen und bis zu einem Dutzend männlicher Anakondas bestehen können. Solch ein Knaul kann mehrere Wochen zusammenbleiben und sich auch gemeinsam fortbewegen. Als Ergebnis dieser Aktivität bringen die weiblichen Anakondas etwa ein halbes Jahr später bis zu 80 Jungschlangen lebend zur Welt. Diese Jungtiere, die sich schon im Mutterleib aus ihrer Eihülle befreien, sind bereits bis zu 50 Zentimeter lang und sofort eigenständig. Nach drei bis vier Jahren sorgen diese dann wieder selbst für Nachwuchs.

Art, Familie *Eunectes murinus*, Boas (Boidae) | Vorkommen Tiefland Südamerikas (Bolivien, Brasilien, Ecuador, Französisch-Guayana, Guyana, Kolumbien, Paraguay, Peru, Surinam, Trinidad und Tobago, Venezuela) | Habitat Wald, Savanne, Feuchtgebiete mit dichter Vegetation | Größe mindestens 800 Zentimeter Gesamtlänge | Nahrung Vögel, Reptilien, Säugetiere, Fische | Bedrohungsstatus nach Roter Liste nicht gefährdet, Population unbekannt | Merke Trotz Schwergewicht ist die Grüne Anakonda ein Kinostar.

43 Grüne Baumeidechse

Geheimnisvolle smaragdgrüne Eidechse

Diese mit nur rund zwölf Zentimeter Körpergröße relativ kleine Eidechse hat einen umso längeren Schwanz, der etwa zwei Drittel ihrer Gesamtlänge ausmacht. Aber dieser lange Schwanz hat eine wichtige Aufgabe, denn diese Echse lebt vorrangig hoch oben in den Bäumen und braucht den zum Greifschwanz entwickelten Anhang zum Klettern und für zusätzliche Balance und als Stütze.

Die smaragdgrün gefärbte Eidechse ist nah mit unseren heimischen Arten verwandt. Sie lebt in Kenia und Tansania in verschiedenen Populationen in voneinander getrennten Gebieten und kommt in einigen geschützten Gebieten und Nationalparks wie dem Shimba Hills National Reserve (Kenia) vor. Dieser ist für seinen Reptilien- und Amphibien-Artenreichtum bekannt, beeindruckende 89 Reptilien- und 38 Amphibienarten wurden in dem Gebiet dokumentiert. Aber auch im Arabuko Sokoke Nationalpark (Kenia) lebt diese Eidechse in den letzten Vorkommen eines Trockenwaldes an der Küste.

Als diese Art 1904 von dem österreichischen Zoologen Franz Werner (1867–1939) wissenschaftlich beschrieben wurde, lobte er die Schönheit der eleganten grünen Tiere mit dem länglichen Kopf und merkte an, wie ähnlich sie dem kleinen grünen Waran, dem Smaragdwaran *Varanus prasinus*, doch seien. Eine gewisse Ähnlichkeit zwischen den baumbewohnenden Echsen ist nicht von der Hand zu weisen. Auch wenn die Grüne Baumeidechse schon vor über einem Jahrhundert entdeckt und beschrieben wurde, ist bis heute wenig über ihre Biologie bekannt. Es konnten sowohl Tiere in den Bäumen als auch auf dem Waldboden gefunden werden. Aufgrund ihrer fragmentierten Vorkommen ist es wichtig, mehr über diese Art zu lernen, damit sie effizienter geschützt werden kann, indem man vor allem ihren bevorzugten Lebensraum kennt und schützt. Denn nur wenn bekannt ist, was eine Tierart genau benötigt, können effiziente Maßnahmen initiiert werden.

Art, Familie *Gastropholis prasina*, Eidechsen (Lacertidae) | **Vorkommen** Kenia, Tansania | **Habitat** Wald, Buschland | **Größe** 45–50 Zentimeter Gesamtlänge | **Nahrung** Insekten, deren Larven | **Bedrohungsstatus** nach Roter Liste gering gefährdet, Population unbekannt | **Merke** Es ist nicht alles gleich grün, nur weil es grün ist.

44 Grüne Mamba

Tödliche Schönheit

Die Grüne Mamba, eine der gefährlichsten Giftnattern Afrikas, ist ein gutes Beispiel dafür, dass der Trivialname nicht immer eindeutig ist. Streng genommen gibt es nämlich drei verschiedene Mambas, die alle mehr oder minder grün daherkommen. Da ist die Gewöhnliche Mamba (*Dendroaspis angusticeps*), deren Körper hellgrün und die Bauchseite gelb gefärbt sind. Die Jamesons Mamba (*Dendroaspis jamesoni*) ist grasgrün bis grüngelb, ihre Schuppen haben oft einen schwarzen Rand, und ihr Bauch ist zitronengelb. Die eigentliche Grüne Mamba ist natürlich hellgrün mit gelbem Bauch. Zum Schwanz hin geht das Grün ins Gelbe über. Auch bei dieser Art sind die Schuppen schwarz gesäumt.

Die tagaktive Giftschlange hält sich gerne in der Nähe von Flüssen im tropischen Regenwald auf. Hier bewohnt sie das Kronendach der Bäume und manchmal auch dichte Büsche. Ihre Fortbewegung ist dort sehr schnell, was sie zu einer erfolgreichen Jägerin macht. Durch die zunehmende Abholzung der Wälder wird der Lebensraum dieser Mamba zusehends kleiner. Daher weicht sie auch auf Parks und die Vegetation der Vorstädte aus und kommt so allmählich den Menschen immer näher.

Die defensiv eingestellte Grüne Mamba ist nicht aggressiv. Bei Bedrohung bewegt sie den Kopf langsam hin und her und züngelt im Zeitlupentempo. Sie würde stets die Flucht bevorzugen, bleibt jedoch keine Wahl und sie verteidigt sich mit einem Biss, erfolgt dieser mit solcher Geschwindigkeit, dass ein Ausweichen unmöglich ist. Auch bleibt es nicht bei einem Biss! Mit gleicher Schnelligkeit folgen mehrere Bisse. Die nur etwa sechs Millimeter langen Giftzähne injizieren ein sehr potentes Gift, das zu den stärksten Toxinen unter den landlebenden Giftschlangen zählt. Dieses Gift wirkt nicht nur auf die Nerven, sondern beeinflusst auch das Herz und die Atmung. Ohne schnelle medizinische Versorgung endet ein solcher Unfall rasch tödlich.

Art, Familie *Dendroaspis viridis*, Giftnattern (Elapidae) | **Vorkommen** Westafrika (Gambia, Südsenegal bis Benin, Guinea-Bissau, Sierra Leone, Togo) | **Habitat** tropischer Regenwald, Savanne, Farmland, Großstadtpark, bis 1.000 Meter Höhe | **Größe** bis 200 Zentimeter Gesamtlänge | **Nahrung** Kleinsäuger, Vögel | **Bedrohungsstatus** nach Roter Liste nicht gefährdet, Population stabil | **Merke** Beißt ohne Vorwarnung! Vorsicht in Gebieten, in denen Mambas leben!

45 Grüne Meeresschildkröte

Der Vegetarier unter den Meeresschildkröten

Die Grüne Meeresschildkröte legt Tausende Seemeilen zurück, um als erwachsenes Tier, erstmals im Alter von 20 bis 30 Jahren, in die Nähe ihres eigenen Schlupfgebietes zur Eiablage zurückzukehren. Außerhalb der Nistzeit sind die Tiere Weltenbummler der Meere. An Land behäbig und langsam, zeigen sie im Wasser, was in ihnen steckt. Sie können bis zu 56 Stundenkilometer schnell schwimmen. Die Weibchen verlassen zur Eiablage das Wasser, während die Männchen meist im Meer bleiben. Die eleganten Langstreckenschwimmer sind hierfür hervorragend ausgestattet.

Damit die Tiere auf den langen Reisen nicht zu schwer tragen müssen, sind Panzer und Knochen Sonderkonstruktionen. Hier fand die bestmögliche Reduktion statt. Der gerüstartig verknöcherte Panzer ist zudem flach und stromlinienförmig und hinten spitz auslaufend. Da er so flach ist, finden Kopf und Extremitäten hier keinen Schutz, diesen übernehmen feste Schuppen an Kopf- und Beinpartien. Die vorderen Gliedmaßen ähneln Flügeln, mit denen die Tiere kraftvoll durchs Wasser schwimmen. Die Hinterbeine sind paddelartig und stabilisieren die Schwimmbewegungen als Ruder. Der Name dieser Meeresschildkröte, einer von nur sieben Arten, die in den Weltmeeren leben, stammt von ihrem Fett, das aufgrund der pflanzlichen Nahrung grün gefärbt ist. Über Salzdrüsen in Augennähe wird überschüssiges Salz, das über die Nahrung aufgenommen wird, wieder abgegeben.

Meeresschildkröten verenden leider allzu häufig als Beifang in Fischernetzen, und ihre Strandhabitate müssen Uferbefestigungen und -bebauung weichen. Der Sand verschwindet durch den Abbau für Bautätigkeiten. Beleuchtung an den Stränden irritiert die Schlüpflinge und lockt sie nachts vom Meer weg. Dabei werden diese charismatischen Tiere in vielen Ländern seit Jahrhunderten verehrt. Wie auf Hawaii, wo sie aus der Geschichte nicht wegzudenken sind und »Honu« genannt werden.

Art, Familie *Chelonia mydas*, Meeresschildkröten (Cheloniidae) | Vorkommen tropische und subtropische Meeresgebiete (Atlantischer Ozean, Indischer Ozean, Pazifischer Ozean, Mittelmeer), Nistplätze in mehr als 80 Ländern | Habitat Wanderungen durch tropische und subtropische Meere, Strände zur Eiablage, Aufenthalt wahrscheinlich in Küstengebieten von über 140 Ländern | Größe Panzerlängen: 80–120 Zentimeter, 100–250 Kilogramm | Nahrung Erwachsene: Seegras, Algen; Jungtiere: Schwämme, Quallen, Krebstiere, Muscheln | Bedrohungsstatus nach Roter Liste gefährdet, Bestand abnehmend | Merke Bitte stets Abstand zu den charismatischen Tieren halten!

46 Grüner Baumpython

Farbenwechselnder Inselbewohner

Der grüne Baumpython ist eine mittelgroße Riesenschlange und ausgezeichnet an das Leben im Kronendach tropischer Regenwaldbäume angepasst. Der Körper ist relativ schlank, und der Schwanz macht bis zu 14 Prozent dieser schönen Schlange aus. Zudem wird er als Greifschwanz eingesetzt und sorgt für sicheren Halt in luftiger Höhe.

Tagsüber ruht der Baumpython in charakteristischer Position. Der Körper hängt in engen Schlingen über einem Ast, und der große Kopf liegt mittig auf einer Schlinge auf. Ast ist nicht gleich Ast, er muss schon passen, glatt sein und nicht zu dick!

Die meisten ausgewachsenen Tiere sind satt grün gefärbt und haben vereinzelt gelbe, weiße oder hellblaue Flecken auf dem Rücken und den Flanken. Es gibt aber auch völlig anders gefärbte Tiere. Manchmal kommen sogar vollständig blaue Schlangen vor, meist Weibchen während der Trächtigkeit. Noch auffälliger sind Baumpythons der Insel Kofiau, hier sind fast alle ausgewachsenen Tiere gelb. Bis heute ist nicht abschließend geklärt, wie es zu diesem Farbenspiel kommt, zumal manche Schlangen sich plötzlich und ohne erkennbaren Auslöser innerhalb kurzer Zeit grün färben.

Jungtiere schlüpfen leuchtend gelb aus dem Ei und halten sich in Bodennähe sowie auf Pflanzen bis in zwei Meter Höhe auf. Hier machen sie Jagd auf Echsen. Die gelbe Farbe dient so der Tarnung im Laub. Nach rund einem halben Jahr beginnt die Umfärbung hin zum satten Grün. Auffallend bei den Jungschlangen ist ihre Schwanzspitze. Diese ist anders gefärbt als ihr Körper und wird zum Anlocken von Beutetieren verwendet, indem sie die Bewegung von Raupen oder Würmern damit nachahmen. Diese Technik ist bei jungen Schlangen diverser Gattungen verbreitet. Erwachsene bevorzugen als Nahrung neben Vögeln langhaarige Baumratten und Baumskinke, die die Schlange unter Einsatz der stark verlängerten Vorderzähne sicher packen kann.

Art, Familie *Morelia viridis*, Pythons (Pythonidae) | Vorkommen Neuguinea (Papua) und umliegende Inseln, Papua-Neuguinea, Australien (Queensland), Kap-York-Halbinsel | Habitat tropischer Wald, Buschland, bis 2.000 Meter Höhe | Größe 150–160 Zentimeter Gesamtlänge | Nahrung Skinke, Vögel, Kleinsäuger | Bedrohungsstatus nach Roter Liste nicht gefährdet, Population stabil | Merke Aussehen, Umfärbung und Verhalten ähneln auffällig dem im südamerikanischen Regenwald beheimateten Grünen Hundskopfschlinger (*Corallus caninus*).

47 Grüner Leguan

Grüner Weltenbummler mit fragwürdigem Ruf

Kaum eine Leguanart ist so bekannt wie der Grüne Leguan. Er erfuhr über den Haustiermarkt und als blinder Passagier weltweite Verbreitung und gehört zu den invasiven Arten. Dabei ist er aufgrund seiner Größe als erwachsenes Tier und seiner Ansprüche als Regenwaldbewohner nicht gerade für jedes Wohnzimmer geeignet. Die Tiere sind ausgewachsen zwar hauptsächlich Pflanzenfresser und wenig aggressiv, hinterlassen jedoch enorm viel Unrat. Aufgrund ihrer Größe haben die Grünen Leguane kaum natürliche Feinde und vermehren sich sehr effizient. Damit sind sie in den Klimazonen, in denen sie sich als invasive Art wohlfühlen, zu einem biologischen Problem geworden. Während sich in Florida die Menschen vorrangig über Unrat auf ihren Wegen und Terrassen ärgern, wurde der Grüne Leguan auf Inseln wie den Cayman Islands, Puerto Rico, Saba und Anguilla zu einer massiven Bedrohung der dort heimischen Leguane. Hier kommt es zur Vermischung (Hybridisierung) der Arten, und das ist für die Erhaltung der teils bedrohten endemischen Arten der Inseln ein großes Problem.

Hierzulande gibt es eher ein Tierschutzproblem, da den wenigsten ausgewachsenen Grünen Leguanen ein artgerechtes Leben in den Wohnungen geboten werden kann. Sie benötigen schlicht zu viel Platz, und ein Freilauf in der viel zu trockenen Wohnung ersetzt den Regenwald in keinster Weise. Hier braucht es viel mehr, um den Tieren gerecht zu werden.

Der Grüne Leguan ist auch von kulinarischer Bedeutung, da sein Fleisch recht wohlschmeckend ist. Er wird daher in vielen Ländern seines natürlichen Verbreitungsgebietes gerne verzehrt. Dort, wo Grüne Leguane natürlicherweise zum Ökosystem gehören, haben sie eine wichtige Aufgabe in der Natur. Sie sind als große Pflanzen- und Fruchtfresser zum Beispiel wichtige Samenverbreiter und sorgen so für die Verteilung einiger Pflanzensamen in ihrem Revier. Ein wahrhaftig grüner Gärtner!

Art, Familie *Iguana iguana*, Leguane (Iguanidae) | **Vorkommen** Mittel- bis Südamerika (Mexiko bis Brasilien, Bolivien, Karibik), eingeführt in zahlreichen Ländern und auf vielen Inseln | **Habitat** Regenwald | **Größe** bis 200 Zentimeter Gesamtlänge | **Nahrung** Pflanzen, Blätter, Blüten, Früchte, Insekten | **Bedrohungsstatus** nach Roter Liste nicht gefährdet, Population unbekannt | **Merke** Aktuell werden vier Unterarten des Grünen Leguans beschrieben: *Iguana iguana iguana*, *Iguana iguana insularis*, *Iguana iguana melanoderma* und *Iguana iguana sanctaluciae*.

48 Helle Krötenkopfschildkröte

Schildkröte mit ritualisiertem Liebesakt

Diese hübsche Süßwasserschildkröte ist ganzjährig aktiv. Die geselligen Tiere sonnen sich gerne außerhalb des Wassers auf Baumstämmen oder angemessen großen Ästen am Wasser. Während der Sommermonate sind sie am aktivsten.

Das Balzverhalten dieser Süßwasserschildkröte läuft sehr ritualisiert und fast nach Schema F ab. Dabei haben die Männchen einiges an Verhaltensweisen im Repertoire, um die Weibchen zu beeindrucken. Es konnten zehn verschiedene Elemente des männlichen Werbeverhaltens beobachtet werden. Oftmals folgt dabei ein Element strikt dem anderen. Der Verfolgung der Auserwählten schließt sich meist Schnuppern an ihrem Hinterteil an, danach rasches Kopfnicken und -wackeln, Handwedeln und das Aufreiten sowie weitere Kopfbewegungen, die meist von oben nach unten als Nicken oder Hin-und-her-Schwenken erfolgen. Das Aufreiten des Männchens ist, da die Paarung im Wasser stattfindet, vergleichsweise einfach, dennoch hält sich das Männchen geschickt mit den Hinterfüßen von unten am Panzerrand des Weibchens fest. Die Schildkrötenweibchen weisen hingegen nur drei verschiedene Verhaltensweisen als Antwort auf die Werbungsversuche der Männchen auf. Die Flucht ist wohl die häufigste Antwort, die Bereitschaft zur Kopulation und das Anzeigen, dass sich der Schildkrötenherr gerne nähern darf, sind weitere. Wenn das Männchen gar zu aufdringlich wird, beißt das Weibchen auch mal zu, und zwar dahin, wo es ihm besonders wehtut, in seine Barteln am Kinn. War die Paarung erfolgreich, legen die Weibchen ihre Nester auf den Sandbänken am Ufer in etwa 15 Zentimeter Tiefe an und vergraben im Durchschnitt elf Eier.

Phrynops hilarii sind Halswender-Schildkröten, die bei Bedarf ihren Kopf und Hals zum Schutz unterhalb des Panzerrandes längs anlegen. Die Tiere können den Kopf nicht wie die Halsberger-Schildkröten (Cryptodira) in den Panzer einziehen.

Art, Familie *Phrynops hilarii*, Schlangenhalsschildkröten (Chelidae) | **Vorkommen** Argentinien, Brasilien, Uruguay, Paraguay | **Habitat** langsam fließende Gewässer, Tümpel, Seen mit weichem Bodengrund, deren Ufer mit Pflanzen gut bewachsen sind | **Größe** Männchen bis 35,6 Zentimeter, Weibchen bis 40,8 Zentimeter Panzerlänge | **Nahrung** Allesfresser, gerne Wirbellose, Fische, Amphibien, jeweils deren Larven, Schnecken, Früchte | **Bedrohungsstatus** nicht in der Roten Liste aufgeführt | **Merke** Der wissenschaftliche Artnamen *hilarii* ehrt den Zoologen Isidore Geoffroy Saint-Hilaire (1805–1861), der den Begriff Ethologie, also die Verhaltensforschung, prägte.

49 Himmelblauer Zwergtaggecko

Zauberhafter Zwerg in Blau

Der Himmelblaue Zwergtaggecko beansprucht nur eine einzige Pflanze als sein Zuhause. Der Zwerg lebt, liebt, jagt und schläft fast ausschließlich auf dem Schraubenbaum (*Pandanus rabaiensis*). Heimat von Gecko und Pflanze ist Tansania. Genauer, die verbliebenen Wälder am südöstlichen Fuß des Bergs Uluguru.

Männliche Geckos sind türkisblau, die kleineren Weibchen sind grün-bronzefarben gefärbt. Die zu den Haftschwanzgeckos gehörenden Echsen erbringen dank zusätzlicher Haftschuppen am Schwanzende, zusammen mit den Lamellen an den Fußsohlen, wahre Kletterhöchstleistungen. Sie pflanzen sich über das gesamte Jahr hin fort. Ihre Eier legen die Weibchen in die Blattachseln des Schraubenbaums. Ihre immergrüne Heimatpflanze wird bis zu 20 Meter hoch. Der Schraubenbaum hat schraubig angeordnete Blätter, ist jedoch gar kein Baum – aber das ist eine andere Geschichte. Die bis zu drei Meter langen Blätter sind mit Stacheln besetzt. Eigentlich eine Festung für die kleinen blauen Bewohner und ein prima Schutz gegen Fressfeinde. Wäre da nicht der Mensch.

Durch Fragmentierung der Waldfläche sind die Geckos nur noch in vier voneinander isolierten Waldfragmenten zu finden. Habitatverlust, Bejagung durch den Menschen und eine invasive Baumart bedrohen diese Art. Meist werden Geckos gefangen, indem die Blätter ihrer Pflanze abschlagen werden. Die darauf sitzenden Tiere werden dann abgesammelt. Der stark beschädigte Schraubenbaum ist so für andere Geckos kaum noch bewohnbar, denn die Blätter wachsen nicht nach. Der Export der Tiere ist zwar illegal, aber dennoch ein lukratives Geschäft. Meist werden sie unter falschem Namen außer Landes gebracht. Auf den gerodeten Waldflächen wächst die invasive Westindische Zedrele (*Cedrela odorata*) sehr rasch und verdrängt heimische Pflanzen. Kein Platz mehr für die blaue Schönheit.

Art, Familie *Lygodactylus williamsi*, Geckos (Gekkonidae) | Vorkommen Tansania | Habitat Tieflandregenwald, Schraubenbaum, bis 290 Meter Höhe | Größe sechs bis 8,5, maximal zehn Zentimeter Gesamtlänge, Weibchen wenig kleiner als Männchen | Nahrung Spinnentiere, Insekten, besonders Ameisen | Bedrohungsstatus nach Roter Liste kritisch von Ausrottung bedroht, Population abnehmend | Merke Die ZGAP fördert ein Schutzprojekt zum Erhalt dieser Art, mit dem Kauf dieses Buches haben auch Sie geholfen, die blaue Schönheit zu erhalten.

50 Kaiserboa

Ein »Blaublüter«, der die Phantasie beflügelt

In den ersten Jahrhunderten nach ihrer Entdeckung beflügelten die Kaiserboas die Phantasie der Menschen, die es sich zu dieser Zeit leisten konnten, in fremde Welten zu reisen. Es gab Berichte von Boas, die ausgewachsene Pferde verschlungen und verdaut haben sollen. Mit Aufkommen der Wandermenagerien waren diese Riesenschlangen fester Bestandteil der Ausstellung und sorgten, teilweise dank attraktiver Schlangentänzerinnen, für den einen oder anderen Schauer beim Publikum. Da man noch recht wenig über die Bedürfnisse dieser Tiere wusste, war die Lebenserwartung in unserem europäischen Klima leider recht kurz. Die Ureinwohner Mexikos hielten die Kaiserboa für einen Abgesandten der Götter. Da ist es nicht erstaunlich, dass man das Verhalten der Schlange wie ein Orakel deutete. Afrikanische Feldarbeiter waren da schon fortschrittlicher. Sie nutzten Boas zur Bekämpfung von Schädlingen wie Mäusen und Ratten.

Diese Riesenschlange ist ein Kulturfolger und nicht selten auf Plantagen anzutreffen, da sie dort leicht Beute machen kann. Inzwischen hat man den Nutzen von Schlangen erkannt und stellt ihnen nicht mehr nach. Zumal die Würgeschlange für den Menschen in der Natur eher harmlos ist – solange man sie nicht ärgert.

Die Kaiserboa ist, aufgrund ihrer Größe und der Tatsache, dass sie leicht zu vermehren ist, eine feste Größe in der Reptilienleder-Industrie. Nach einer Tragzeit von gut sechs Monaten bringt ein Weibchen durchschnittlich 30 lebende Jungtiere zur Welt. Regelmäßig finden sich Handtaschen, Gürtel oder Geldbörsen aus Schlangenleder auf dem Markt. Durch den Schutz der Tiere auf internationaler Ebene stammen diese Schlangen kaum noch aus der Natur, sondern von speziellen Zuchtfarmen. Natürlicherweise bewohnt diese Art zahlreiche Lebensräume, sodass die Bestände stabil sind und bislang nur wenig durch Lebensraumzerstörung beeinträchtigt werden.

Art, Familie *Boa imperator*, Boas (Boidae) | **Vorkommen** Belize, Kolumbien, Costa Rica, Ecuador, El Salvador, Guatemala, Honduras, Mexiko, Nicaragua, Panama, eingeführt in Mexiko (St. Croix, Insel Cozumel) und Florida | **Habitat** tropischer Regenwald, Gras- und Buschland, Savannen, Halbwüsten, immer in Gewässernähe, bis 1.000 Meter Höhe | **Größe** 150–300 Zentimeter Gesamtlänge | **Nahrung** Vögel, Echsen, kleine Kaimane und Säugetiere passender Größe | **Bedrohungsstatus** nach Roter Liste nicht gefährdet | **Merke** Einst als Bote der Götter verehrt, heute eine Geldbörse.

51 Kanareneidechse

Das blau gepunktete Juwel vom Teide

Teneriffa-Urlauber kennen diese tagaktive Eidechse mit den schönen blauen Punkten auf den Flanken. Die Tiere sonnen sich gerne auf dunklen Lavasteinen und lassen sich noch lieber mit Leckereien von Touristen füttern. In den Städten des Südens und Nordens der Insel leben größere Populationen der dunkel gefärbten Echsen in den Randbefestigungsmauern und an den Hotels überall dort, wo sie geeignete Unterschlüpfe und Sonnenplätze auf den Natursteinwänden finden. Die Männchen bilden keine Territorien aus, die sie bewachen müssten, daher können auch mehrere der imposanten männlichen Tiere auf kleinerem Raum angetroffen werden.

Weibchen und Männchen dieser Eidechsen sind optisch leicht zu unterscheiden, denn nur die etwas größeren Männchen tragen die auffälligen blauen Punkte. Die Weibchen sind unauffällig grau-braun gefärbt. Statt der blauen Punkte zieren sie dagegen helle und dunkle Längsstreifen an den Seiten. Einmal jährlich legen die Weibchen ein bis zwei Gelege mit zwei bis neun Eiern.

Erstmals beschrieben wurde diese Echse im Jahr 1839 nach Museumsmaterial aus dem Muséum national d'Histoire naturelle in Paris als *Lacerta galloti* von den französischen Forschern André Marie Constant Duméril (1774–1860) und Marie Gabriel Bibron (1805–1848). Eines der Exemplare war von einem jungen Mann auf Teneriffa gefangen worden. Nach ihm, Auguste Gallot, wurde die Art benannt. Die Veröffentlichung erlebte er leider nicht mehr. Im selben Jahr, 1839, erschien »Histoire Naturelle des Iles Canarie« (Barker-Webb und Berthelot) mit einer Abbildung und dem Namen der Eidechse. Heute gibt es vier Unterarten der Kanareneidechsen, die sich besonders in der Färbung der Männchen unterscheiden. Auf Teneriffa lebt die Westkanareneidechse (*Gallotia galloti galloti*) im Süden und die Pracht-Kanareneidechse (*Gallotia galloti eisentrauti*) im Norden.

Art, Familie *Gallotia galloti*, Eidechsen (Lacertidae) | **Vorkommen** Spanien: Kanarische Inseln (Teneriffa, La Palma, Roque de Dentro, Roque de Anaga, Roque de Fuera, Roque de Fasnia und Roque de Garachico, eingeführt auf Fuerteventura, möglicherweise auf El Hierro) | **Habitat** Geröll und felsige Regionen, Buschland, Grasland, Wald, Kulturfolger insbesondere in Mauern, bis 3.500 Meter Höhe | **Größe** Männchen bis 43,5 Zentimeter, Weibchen bis 42,6 Zentimeter Gesamtlänge | **Nahrung** Insekten, Spinnentiere, Pflanzen | **Bedrohungsstatus** nach Roter Liste nicht gefährdet, Population stabil | **Merke** Die Unterart *Gallotia galloti insulanagae* kommt auf Roque de Anaga und Roque de Fuera vor, und *Gallotia galloti palmae* lebt auf La Palma.

52 Kleiner Antillen-Leguan

Der Schmackhafte von den Kleinen Antillen

Der Kleine Antillen-Leguan ist eines der gefährdetsten Wirbeltiere der Westindischen Inseln. Die verbliebene Population ist extrem geschrumpft. Ursprünglich erreichten sowohl der Kleine Antillen-Leguan als auch der Grüne Leguan (*Iguana iguana*) über unterschiedliche Wege und zu unterschiedlichen Zeiten die verschiedenen Inseln. Zum einen kam es zur natürlichen Besiedlung, da Tiere beider Arten auf Treibholz vom Festland übersetzten, zum anderen wurden beide Arten durch die ersten Siedler mitgebracht. In jüngerer Zeit wurde der Grüne Leguan auf vielen Inseln angesiedelt, was ein großes Problem ist, da hier ursprünglich ausschließlich *Iguana delicatissima* lebte und sich die *Iguana*-Arten nun vermischen (Hybridisierung).

Der grau-schwarze Kleine Antillen-Leguan kam wahrscheinlich einst auf den meisten der Westindischen Inseln der Antillen vor. Heutzutage lebt er in reiner Form nur noch auf wenigen der Inseln. Die Hybriden sorgen dafür, dass die Arterhaltung des seltenen endemischen Leguans auf Inseln wie Les Saintes, Basse-Terre, Grande-Terre und Saint-Barthélemy schwierig geworden ist. Auf Dominica wird die größte reine Population mit 13.000 bis 20.000 Tieren geschätzt. Nach Hurrikan Maria wurden 2017 jedoch auch hier Grüne Leguane gefunden.

Der Kleine Antillen-Leguan spielt als dominierender Pflanzenfresser der Inseln eine wichtige ökologische Rolle. Denn durch das Abbeißen der Blätter wird der Wiederaustrieb und damit das Laubwachstum gefördert. Die Tiere düngen die Pflanzen mit ihrem Kot und verbreiten die Samen durch Aufnahme der Früchte zahlreicher Arten, die von anderen Tieren nicht gefressen werden. Und nicht zuletzt dienen Eier und Jungtiere der Leguane zahlreichen Beutegreifern, von der großen Krabbe bis zum Greifvogel, als Nahrung. Es gibt umfangreichen Pläne und Initiativen, um den einzigartigen Leguan der Kleinen Antillen zu erhalten.

Art, Familie *Iguana delicatissima*, Leguane (Iguanidae) | **Vorkommen** Kleine Antillen (Anguilla, Bonaire, Sint Eustatius und Saba, Dominica, Guadeloupe, Martinique und Saint-Barthélemy) | **Habitat** Buschland, Küstenwald, Mischwald, Mangroven, Regenwald, bis 1.000 Meter Höhe | **Größe** Männchen 107,6 Zentimeter, Weibchen 105 Zentimeter Gesamtlänge | **Nahrung** Pflanzen: Blätter, Blüten, Früchte | **Bedrohungsstatus** nach Roter Liste kritisch von Ausrottung bedroht, Population abnehmend | **Merke** Aus dem lateinischen Adjektiv *delicatus* für »reizend, schmackhaft« und dem Superlativ -issimus für »sehr« setzt sich der Artname *delicatissima* zusammen und verweist darauf, dass die Tiere schmackhaft sind und gerne gegessen werden.

53 Köhlerschildkröte

Kleine Verwandte der Riesenschildkröten

Diese tagaktive Landschildkröte wird auch »Red-footed tortoise« genannt, was passend ihr Äußeres beschreibt, da sie rot gefärbte Schuppen an den Beinen besitzt. Sie gehört zu den größten Schildkröten Südamerikas und ist direkt mit den Riesenschildkröten des Galápagos-Archipels verwandt.

Ihr Verbreitungsgebiet überschneidet sich mit dem der nahe verwandten Gelbfuß- oder Waldschildkröte *Chelonoidis denticulatus*, die ihr sehr ähnlich sieht, bis auf die gelben Zeichnungen. Zudem bewohnt diese Art feuchtere Waldregionen als die Köhlerschildkröte. Erste Forschungen zum Vergleich beider Arten zeigen, dass die Köhlerschildkröte auch risikobereiter ist als ihre Verwandte. Sie zeigen auch, dass diese Tiere Charakter und Persönlichkeiten haben, die selbstverständlich auch von ihrer Umgebung und ihrer Umwelt beeinflusst werden – so wie bei uns auch.

Die Köhlerschildkröte frisst gerne Früchte und ist daher eine potenzielle Samenverbreiterin, insbesondere in entwaldeten Gebieten, in denen die größeren Samenverbreiter bereits ausgerottet wurden. In diese Rolle könnte die Köhlerschildkröte schlüpfen, da sie in der Lage ist, viele große Samen aufzunehmen und sie durchschnittlich 18 Tage im Magen-Darm-Trakt zu transportieren. Samen, die die Schildkröten-Passage durchwandert haben, keimen zudem schneller als jene, die nicht gefressen wurden. Hoffnung für entwaldete Gebiete. Allerdings hat auch bei dieser Art die Inkubationstemperatur einen Einfluss auf das Geschlecht der schlüpfenden Schildkröte. Ab 27,9 Grad Celsius entwickeln sich Weibchen, ab 29 Grad Celsius ausschließlich Weibchen und bei Temperaturen dauerhaft über 33 Grad Celsius sterben die Embryos. Bei kühleren Temperaturen, von 24 bis 26 Grad Celsius, schlüpfen Männchen. Die Klimaerwärmung könnte durch höhere Temperaturen auch bei dieser Art dazu führen, dass vermehrt Weibchen schlüpfen und Männchen zur Rarität werden.

Art, Familie *Chelonoidis carbonarius*, Landschildkröten (Testudinidae) | Vorkommen nördliches Südamerika (Brasilien, Kolumbien, Französisch-Guayana, Guyana, Peru, Panama, Surinam, Venezuela), Paraguay, Argentinien, Bolivien, eingeführt auf zahlreichen Karibikinseln | Habitat Savanne, Wälder | Größe Männchen bis 60 Zentimeter, Weibchen bis 44 Zentimeter Panzerlänge | Nahrung Gräser, Blätter, Kräuter, Früchte und Beeren, Pilze, Wirbellose und kleine Wirbeltiere | Bedrohungsstatus nicht in der Roten Liste aufgeführt, nach Schildkrötenexperten der Internationalen Union zur Bewahrung der Natur (IUCN) jedoch gefährdet | Merke Als Gärtner können Schildkröten den Wald retten.

54 Komodowaran

Der Riese gerät ins Wanken

Er ist eine der größten und beeindruckendsten Echsen der Welt: der Komodowaran. Im Nationalpark Komodo mit insgesamt 1.817 Quadratkilometern, zu dem der westliche Teil der Insel Flores sowie fünf weitere Inseln der östlichen kleinen Sundainseln gehören, ist der große Waran sicher. Aber nur noch rund 1.400 erwachsene Tiere leben in acht Populationen endemisch auf ihren fünf indonesischen Inseln.

Die Nestkammern der Komodowarane befinden sich oft bis zu 2,5 Meter tief im Boden. Die Weibchen graben mehrere Röhren in die Erde, aber nur am Ende einer Röhre werden bis zu 38 Eier abgelegt, deren Entwicklung etwa neun Monate dauert. Bis zum Einsetzen der Monsunregenfälle werden sie von der Mutter bewacht. Zum Ende der Regenzeit schlüpfen die Jungwarane, die hell gefärbt sind und viele Flecken haben. Diese Optik dient wahrscheinlich der Tarnung. In den ersten Monaten lebt der Nachwuchs in den Bäumen und jagt hier nach anderen Echsen und Insekten. Wenn die Tiere im Alter von ein bis zwei Jahren groß genug sind, um auf dem Boden vor Raubtieren sicher zu sein, kehren sie zurück und beginnen ihr Leben als Bodenbewohner. Auch dort sind sie gut getarnt, im Alter wechselt die Farbe zu Grau bis Beige, je nach Habitat. Am Boden können sie selbst nun auch größere Beute ergreifen und wachsen rasch heran. Jetzt sind sie die Top-Jäger in ihrem Lebensraum.

Mit einem Gewicht von bis zu 100 Kilogramm können männliche Komodowarane sogar Wasserbüffel erbeuten. Ein Waran besitzt 60 spitze, teils bis zu zwei Zentimeter lange Zähne, mit denen er seine Beute gut festhält. Beim Fressen speichelt er sehr viel, sicher auch, um Bakterien und das Gift aus den Giftdrüsen, die an der Basis der Zähne sitzen, besser zu verteilen und die Beute rutschiger zu machen. Ihr kräftiger Schwanz dient als Fettspeicher und hilft beim Laufen, das Gleichgewicht zu halten.

Art, Familie *Varanus komodoensis*, Warane (Varanidae) | **Vorkommen** Indonesien (Komodo, Rinca, Padar, Nusa Kode, Gili Motang, Flores) | **Habitat** Savanne, Wald | **Größe** Männchen bis 310 Zentimeter, Weibchen bis 240 Zentimeter Gesamtlänge | **Nahrung** Wirbellose und Wirbeltiere aller Art, auch der eigenen, Eier, Aas | **Bedrohungsstatus** nach Roter Liste stark gefährdet, Population stabil | **Merke** Beim Komodowaran kommt auch Jungfernzeugung vor. Weibchen produzieren Eier, aus denen Jungtiere schlüpfen, ohne dass sie zuvor von einem Männchen befruchtet wurden.

55 Königskobra

Ihre Majestät, schön, aber kannibalisch

Die Königskobra ist die längste Giftschlange unserer Erde - ein einsamer Rekord. Lautlos und unerwartet erheben sich mehr als ein Meter Kobra, den Hals abgeflacht, ein lautes, drohendes Zischen ausstoßend - das verfehlt nie seine Wirkung! Diese Kobra kann so Distanzen von bis zu zwei Metern überwinden. Als einzige Kobra ist sie in der Lage, mit erhobenem Vorderkörper vorwärtszustürmen. So behält sie den Gegner stets im Auge. Ihr Gift ist nicht das stärkste Toxin, aber die bei einem Biss injizierte Menge ist beachtlich. Durch die kurzen Giftzähne werden bei einem Biss bis zu sechs Kubikzentimeter an gesamter Giftmenge (Toxin) abgegeben. Diese Menge reicht aus, um einen ausgewachsenen Elefanten zu töten.

Eine erschreckte und aufgerichtete Königskobra hält stets den gleichen Abstand zum Gegner ein. Zieht dieser sich zurück, folgt die Schlange im selben Abstand. Geht man auf die Kobra zu, zieht sie sich zurück, ohne veränderten Abstand. Auch wird nicht, wie von anderen Kobra-Arten bekannt, blindlings zugebissen. Hat die Schlange die Wahl, flieht sie stets vor dem Menschen. Während der Zeit der Brut sieht das allerdings anders aus, denn Königskobras betreiben Brutpflege. Weibchen tragen mit dem Vorderkörper Pflanzenmaterial zusammen und bauen so einen Nisthügel, in den 20 bis 40 Eier abgelegt werden. Bis zum Schlupf der Jungen bewacht das Weibchen, und manchmal auch das Männchen, das Nest. Kommt man in dieser Zeit einem solchen Nest zu nahe, wird es lebensgefährlich, da die Kobras dann angriffslustig und leicht erregbar sind.

Königskobras ernähren sich von anderen Schlangen, auch von Giftschlangen. Das hält die Bestände gering, und die Landbevölkerung weiß das zu schätzen. Die große Nachfrage aus ganz Südostasien für den chinesischen Lebensmittelmarkt nach Schlangen, die containerweise illegal exportiert werden, setzt auch der Königskobra zu. Für sie werden die Beutetiere knapp.

Art, Familie *Ophiophagus hannah*, Giftnattern (Elapidae) | Vorkommen tropisches Süd- und Südostasien | Habitat Regenwald, Sumpf, Plantagen, Gras- und Buschland, Bambusdickicht, bis 2.000 Meter Höhe | Größe durchschnittlich 350–550 Zentimeter Gesamtlänge | Nahrung hauptsächlich andere Schlangen, Echsen | Bedrohungsstatus nach Roter Liste gefährdet, Population abnehmend | Merke Besser Abstand halten von der blaublütigen, tödlichen Schönheit.

56_Königspython

Verhaltensauffällige Schlange mit Erfolgsgeschichte

Der Königspython ist eine Würgeschlange, und das kleinste Mitglied der Gattung zeigt ein interessantes Abwehrverhalten. Bei Bedrohung rollt sich die stämmige Schlange zu einem runden Gebilde zusammen. Der Kopf wird stets in der Mitte dieses Knauls versteckt, sodass er für Angreifer unerreichbar ist. Dieses auffällige Verhalten hat der Schlange den Namen »Ballpython« eingebracht. Woher der Name Königspython stammt, ist nicht klar. Es wird vermutet, dass er sich vom wissenschaftlichen Namen der Erstbeschreibung ableitet. Dieser Python wurde 1802 als *Boa Regia* beschrieben, basierend auf der Körperfärbung mit einem hohen Anteil goldener und bronzener Farben, die als königlich galten.

Der Königspython verlässt in den frühen Abendstunden und nachts sein Versteck. Er bewohnt Bauten von Nagetieren, Schildkröten oder Termiten. Letztere werden besonders während der Trockenzeit bevorzugt, da im Inneren ein konstantes Klima herrscht.

Seine geringe Körpergröße und das friedliche Verhalten machten den Königspython für die private Tierhaltung interessant. Bis vor 20 Jahren galt diese Schlange als schwierig in der Haltung, und Nachzuchterfolge waren spektakulär. Heute gilt der »Köpi« als die Würgeschlange, die am häufigsten in privaten Haushalten zu finden ist. 99 Prozent dieser Tiere sind Nachzuchten, und man schätzt, dass es inzwischen mehr als 100 verschiedene Farbmorphen gibt. Und jährlich kommen neue Varianten hinzu. Diese Entwicklung kann durchaus kritisch gesehen werden und bedarf einer wissenschaftlichen Begleitung, damit diese schönen Tiere keinen Schaden nehmen. Seitdem der Köngispython so erfolgreich vermehrt wird, sind die Exportzahlen deutlich zurückgegangen, zumindest im Lebendtierbereich. Für die Mode- und Lederindustrie werden nach wie vor viele Schlangenhäute importiert. Diese stammen zwar teilweise von Zuchtfarmen, aber es gibt immer noch unnötige Naturentnahmen. Deren Anzahl ist ungewiss.

Art, Familie *Python regius*, Pythons (Pythonidae) | **Vorkommen** Südsudan bis Uganda, über Zentralafrika, Westafrika, bis zum Senegal | **Habitat** Savanne, trockener Wald, Busch- und Grasland, bis 1.000 Meter Höhe | **Größe** 150–200 Zentimeter Gesamtlänge | **Nahrung** Kleinsäuger, Vögel | **Bedrohungsstatus** nach Roter Liste gering gefährdet, Population abnehmend | **Merke** Vorsicht! Bissiger Ball!

57 Kornnatter

Gerne gesehener Mäusefänger mit starker Variabilität

Bei dieser ungiftigen Kletternatter handelt es sich um eine mittelgroße Schlange. Sie ist sehr anpassungsfähig, was sich nicht nur in der Wahl ihres Lebensraumes zeigt. Egal ob auf dem Erdboden oder elegant in Bäumen kletternd, die Kornnatter fühlt sich überall daheim.

Diese Schlange bewegt sich nicht sonderlich schnell, ist aber trotzdem eine geschickte Jägerin. Ihre Vorliebe für kleine Beutetiere, wie Mäuse oder Ratten, hat sie zu einem echten Kulturfolger werden lassen. Heute findet sie in Kornkammern, Vorratsräumen oder an den Rändern von Maisfeldern eine Aufgabe in der Mäusejagd.

Während der heißeren Jahreszeit sind diese Nattern hauptsächlich in der Dämmerung und nachts aktiv, im Frühjahr eher tagsüber. Die Nähe zum Menschen hat ihnen ihren Namen eingebracht. Die einen sagen, er kommt durch die Wahl ihres Lebensraumes, nämlich Kornspeicher und Getreidefelder. Die anderen sagen, dass die Ähnlichkeit der Bauchzeichnung der Kornnatter mit den bunten, ursprünglichen Kolben des Indianermais der Grund ist.

Eine weitere Besonderheit dieser Natter ist ihre große Variabilität in Bezug auf ihre Körperfärbung. Ursprünglich reicht diese von Rostbraun bis Ziegelrot. Die weiße Bauchseite zeigt schwarze Flecken, welche an das Muster eines Schachbretts erinnern. In der Natur gibt es auch rein schwarz-weiße Tiere. Da die Kornnatter zu den beliebtesten Terrarienpfleglingen in Privathand zählt, wird sie seit Jahrzehnten gezüchtet. Gezielte Selektion bei der Zucht führte dazu, dass sich die Anzahl an Farbmorphen fast im dreistelligen Bereich befindet, und jährlich kommen neue Farben hinzu. Leider hat es auch dazu geführt, dass inzwischen sogenannte »schuppenlose« Kornnattern gezüchtet und angeboten werden. Diese Zuchten müssen sehr kritisch betrachtet werden, da es sich dabei um Qualzuchten handelt und damit ein tiergerechtes Leben mehr als fraglich ist.

Art, Familie *Pantherophis guttatus*, Nattern (Colubridae) | **Vorkommen** östliche und südöstliche Vereinigte Staaten (New Jersey, Maryland, Kentucky bis je südliches Louisiana, Mississippi, Alabama und Florida), eingeführt auf Karibikinseln, den Bahamas, Grand Cayman, US-Jungferninseln (St. Thomas) und den Kleinen Antillen | **Habitat** Wald, Gras- und Buschland, Savanne, Feuchtgebiete, bis 2.700 Meter Höhe | **Größe** bis 180 Zentimeter Gesamtlänge | **Nahrung** Kleinsäuger, Vögel, Echsen, Frösche | **Bedrohungsstatus** nach Roter Liste nicht gefährdet, Population stabil | **Merke** Kornnattern sind farbenfrohe Klettermeister, die die Nähe des Menschen suchen.

58 Krokodil-Teju

Der schneckenliebende Drache aus Südamerika

Des Hobbygärtners Traum: ein Schneckenfresser! Die grüne Schienenechse mit dem roten Kopf liebt doch eher tropisches und subtropisches Klima. Die Leibspeise des Krokodil-Tejus sind tatsächlich Schnecken. Diese Nahrungsspezialisierung spiegelt sich in der Anatomie des Tejus wider: Im Gegensatz zu anderen Echsen hat er ein heterodontes Gebiss, also verschieden geformte Zähne, sehr kräftige Kiefer- und eine starke Zungenmuskulatur. Ein naher Verwandter, die insektenfressende Grüne Ameive, hat ein homodontes Gebiss mit gleichartig ausgebildeten Zähnen und geringer entwickelten Kaumuskeln. Der Krokodil-Teju zeigt somit eine wichtige Anpassung an die Aufnahme hartschaliger Nahrung (Durophagie).

Der tagaktive Krokodil-Teju schwimmt und taucht ausgezeichnet. Nicht nur Name und Schwimmkünste erinnern an ein Krokodil, sondern auch sein Äußeres mit großen, gekielten Schuppen auf dem Schwanz, die von kleinen, gekörnten Schuppen umgeben sind. Diese Beschuppung ist unter den Schienenechsen einzigartig und gab dieser Art ihren Namen. Krokodil-Tejus schwimmen nicht nur gut, sie klettern auch hervorragend, unterstützt von scharfen Krallen und dem kräftigen, seitlich abgeflachten Schwanz. Häufig liegen die Tiere ruhend im Geäst über dem Gewässer. Bei drohender Gefahr lassen sie sich ins Wasser fallen und harren tauchend aus, bis die Gefahr vorüber scheint.

Der Gattungsname *Dracaena* aus dem Lateinischen bedeutet übersetzt »Drache, Eidechse«. Vom Herkunftsland des ersten beschriebenen Exemplars aus Französisch-Guayana leitet sich der Artname *guianensis* ab. Die Erstbeschreibung der Art aus dem Jahr 1801 durch François-Marie Daudin basierte auf diesem ersten Exemplar, das 1788 dokumentiert wurde und unter Wissenschaftlern Diskussionen auslöste. Die Herkunft aus Französisch-Guayana wurde angezweifelt, bis 1996 erneut ein Tier am Kaw River im Nordosten des Landes dokumentiert werden konnte.

Art, Familie *Dracaena guianensis*, Schienenechsen (Teiidae) | Vorkommen Brasilien, Kolumbien, Ecuador, Peru, Französisch-Guayana | Habitat subtropischer und tropischer Regenwald, Feuchtgebiete, Sümpfe, Marschland | Größe bis 120 Zentimeter Gesamtlänge | Nahrung Schnecken, Muscheln, Krebstiere, Fisch, Insekten, Eier | Bedrohungsstatus nach Roter Liste nicht gefährdet, Population unbekannt | Merke Nach intensiver Jagd für die Lederindustrie, hauptsächlich für Schuhe, ist diese Art im Anhang 2 des Washingtoner Artenschutzübereinkommens (CITES) nun gelistet.

59 Lederschildkröte

Wanderer zwischen den Meeren

Sie ist die größte lebende Schildkröte auf Erden und sicherlich eine der außergewöhnlichsten! Ihr dunkel gefärbter Rückenpanzer ist im Reich der Schildkröten einzigartig, eine auffällige Lederschicht spannt sich parallel zur Wirbelsäule. Genauer besteht ihr Panzer aus Tausenden von mosaikartig angeordneten Hautknochen (Ossikeln), der sogenannten Epitheca, dem Knochenpanzer, der in einer festen Bindegewebsschicht eingebettet und mit Haut überzogen ist. Die Epitheca ist mit maximal vier Millimetern relativ dünn, die Bindegewebsschicht ist mit rund 40 Millimetern jedoch dicker. Der stark reduzierte Panzer macht etwa ein Drittel des Gewichtes der Schildkröte aus. Ein weiteres Drittel fällt allein den großen Extremitäten zu. Die vorderen Flossen sind sehr lang und breit, die hinteren Flossen sind jeweils über eine Hautfalte mit dem Schwanz verbunden. Diese Besonderheit könnte der Steuerung und Balance beim Schwimmen dienen. Schließlich hält sich die Lederschildkröte meist auf hoher See auf, wobei sie saisonbedingt regelmäßig Gast in Küstennähe ist.

Lederschildkröten können sich, anders als alle anderen Meeresschildkröten, auch im kalten Gewässer aufhalten und hier ihre Körpertemperatur deutlich über der Wassertemperatur halten. Das funktioniert durch viel Fett, einen großen Körper mit Wärmespeicherkapazität, eine ölhaltige äußere Körperschicht und einen Blutkreislauf mit Gegenstrom-Wärmetauscher-System.

Das Klima hat Einfluss auf die Entwicklung des Embryos im Ei und die Konstitution des Schlüpflings, und die Temperatur hat Einfluss auf dessen Geschlecht. Bei niedrigen Temperaturen entstehen Männchen, bei hohen Weibchen. Weitere Faktoren, wie Temperaturfluktuation und die Position des Nestes, scheinen sich ebenfalls auf das Geschlecht auswirken zu könnten. Es gibt erste Hinweise, dass die Klimaverschiebung die Entwicklung der jungen Meeresschildkröten beeinflusst.

Art, Familie *Dermochelys coriacea*, Lederschildkröten (Dermochelyidae) | **Vorkommen** weltweit in den Meeren (Atlantik, Pazifik, Indischer Ozean) | **Habitat** Hochsee, Nistgebiete an Stränden in den Tropen und Subtropen, bis 1.300 Meter Meerestiefe | **Größe** 120–252 Zentimeter Panzerlänge, 500–916 Kilogramm | **Nahrung** vor allem Quallen (Schirmquallen), aber auch Algen, Tintenfische, Mollusken, Tunicaten, Krebstiere, Fische | **Bedrohungsstatus** nach Roter Liste gefährdet, Bestand abnehmend | **Merke** Im Meer treibende Plastiktüten ähneln einer Qualle und sind tödliche Fallen für die Schildkröten! Plastik füllt die Mägen und täuscht ein Sättigungsgefühl vor, das nicht da ist! Hände weg von Plastiktüten!

60 Leistenkrokodil

Die größte unter den Panzerechsen

Australier bringen dem im Salzwasser lebenden und sehr großen und massigen Leisten- oder Salzwasserkrokodil eher wenig Sympathie entgegen. Das »Saltie« kann stattliche Längen von sieben Metern erreichen und dem Menschen schon allein durch seine schiere Körpergröße und -kraft gefährlich werden. In Gebieten, in denen Salties leben, warnen daher Schilder unbedachte Touristen vor den Tieren, die insbesondere zur Brutzeit aggressiv ihre Nester verteidigen.

Das Leistenkrokodil war in der Vergangenheit die Art, welche für die Lederindustrie am stärksten bejagt wurde und deren Häute bis in die 1970er Jahre hoch im Kurs standen. Die noch in den 1980er Jahren bedrohte Art konnte sich durch umfangreiche Schutzmaßnahmen stabilisieren und ist heute nicht mehr gefährdet. Dennoch sind die Riesen in Thailand, Vietnam und den Seychellen ausgerottet, dies aber auch aufgrund von Lebensraumverlust. Jedoch kämpfen alle Krokodilarten bis heute gegen ihren zu Unrecht schlechten Ruf als Killer und Monster, und das größte unter ihnen muss sich besonders dagegen wehren. Dabei sind Krokodile wichtige Bindeglieder in ihren Ökosystemen und dezimieren die Bestände sich rasch vermehrender Räuber in den Gewässern. Sie verzehren geschwächte und kranke Tiere und halten so die Flüsse sauber. Zahlreiche kleinere Organismen, die unentdeckt ihr Dasein fristen, wie Krebse, Algen und Bakterien, leben von dem, was Krokodile hinterlassen.

Da die Salties aufgrund ihrer hervorragenden Anpassung an das Salzwasser, ihrer Kraft, Größe und Ausdauer exzellente Schwimmer sind, kam und kommt es immer mal vor, dass Tiere sich an Küsten verirren, die teilweise Tausende von Kilometern von ihrer Heimat entfernt sind. So wurden schon vereinzelte Leistenkrokodile in Japan, den Malediven, in Mikronesien oder auf den Marshallinseln entdeckt – 2.000 Kilometer von der nächsten Leistenkrokodilpopulation entfernt!

Art, Familie *Crocodylus porosus*, Echte Krokodile (Crocodylidae) | Vorkommen Australien (Nord- bis Westküste und Küste Queenslands), Bangladesch (Sundarbans), Brunei Darussalam, Indien (nördliche Küstenregion, Andamanen-Inseln, Bhitarkanika National Park, Bundesstaat Odisha), Indonesien, Malaysia, Myanmar, Palau, Papua-Neuguinea, Philippinen, Singapur, Salomonen, Sri Lanka, Timor-Leste, Vanuatu | Habitat Sümpfe, Flussmündungen, Mangrovensümpfe an den Küsten, Grenze vom Süß- zum Salzwasser (Brackwasser) | Größe 310 bis 700 Zentimeter, seltene Ausnahmen bis 900 Zentimeter Gesamtlänge, Männchen deutlich größer als Weibchen | Nahrung Fisch, Wasservögel, Wasserschildkröten, zahlreiche Arten Säugetiere, Jungtiere fressen Wirbellose aller Art | Bedrohungsstatus nach Roter Liste nicht gefährdet, Population stabil | Merke Wahre Monster produziert nur Hollywood!

61 Leopardgecko

Ein Gecko erobert die Wohnzimmer

Der Leopardgecko ist einer der beliebtesten Geckos in der Heimtierhaltung und das, obwohl er nur in der Dämmerung aktiv wird. Er lässt sich vermeintlich leicht halten, ist klein bleibend und vom Wesen her freundlich. Er wird in seiner Wildform, in der er ein schönes Leopardenmuster mit dunklen Flecken auf gelb-beigem Grund zeigt, und auch in vielen Zuchtformen weltweit vermehrt. Zudem wird er in der Forschung eingesetzt und lebt in zahlreichen Laboratorien als Modellorganismus. Man könnte ihn als Hamster unter den Geckos bezeichnen. Die Vorfahren der ursprünglichen Tiere, die vor 1950 nach Europa kamen, stammten aus Pakistan.

In seiner Jugend zeigt der Leopardgecko eine sehr hübsche Zeichnung, bei der sich hellgelbe, beige bis graue Bänder mit dunkelbraunen bis schwarzen Bändern abwechseln. Sein Zweitname Pakistanischer Fettschwanzgecko beschreibt seinen verdickten Schwanz, der ein Drittel seiner Gesamtlänge ausmacht. Der Schwanz dient ihm als Fettspeicher und damit als Reserve für schlechte Zeiten. Wie viele andere Echsen nutzt auch der Leopardgecko die Fähigkeit der Autotomie, um Fressfeinden zu entkommen. Das bedeutet, der Gecko wirft seinen Schwanz dem Feind zum Fraß vor. Der Schwanz wächst wieder nach, optisch nicht so perfekt wie das Original, aber immerhin. Nur ist dann auch der Fettspeicher weg – eine teure Aktion also! Die Funktionen des Regenerats, so wird der neue Schwanz bezeichnet, sind ebenso gut wie die des Originals. Allerdings kann das Regenerat junger Geckos sogar schneller und mehr Fett speichern.

In Pakistan gibt es die Legende, der Gecko sei mit der Kobra verwandt und wird »Junge Kobra« genannt. Der Biss des Geckos soll das Opfer verflüssigen und das Tier müsse besser erschlagen werden, da es giftig sei. Kaum zu glauben, dass ein so nett schauender Gecko hier zu einem solch schlechten Ruf kommt, während er im Westen als Heimtier geschätzt wird.

Art, Familie *Eublepharis macularius*, Lidgeckos (Eublepharidae) | Vorkommen Afghanistan, Nordindien (Rajasthan, Jammu-Kashmir, Punjab), Nepal, Pakistan | Habitat Savanne, Gras- und Buschland, Wüste, Felsregionen, in Höhen bis 2.500 Meter | Größe 20–30 Zentimeter Gesamtlänge, Männchen größer als Weibchen | Nahrung Insekten, Spinnentiere inklusive Skorpione | Bedrohungsstatus nach Roter Liste nicht gefährdet, Population stabil | Merke Das Vorkommen des Leopardgeckos im Iran ist unsicher. Die Art ist insgesamt nicht bedroht und in Menschenhand weit verbreitet. Sein Bestand scheint zunächst gesichert zu sein.

62_Leopardnatter

Hübsche Überlebenskünstlerin

Diese Natter ist eine der buntesten und wohl schönsten Schlangen Europas. Dabei ist sie eine der kleineren Vertreterinnen der Familie der Nattern. Die maximale Körperlänge erreichen nur die Weibchen, die Männchen bleiben deutlich unter einem Meter Länge und sind damit gut vom anderen Geschlecht zu unterscheiden, was als Sexualdimorphismus bezeichnet wird.

Namensgebend ist die leopardenartige Zeichnung auf der hell- bis dunkelgrauen Grundfarbe. Neben gefleckten Tieren gibt es auch Exemplare mit gestreifter Zeichnung, teilweise sogar im gleichen Lebensraum. Beiden Formen gemeinsam ist ein deutlich sichtbares schwarzes Band, das die Augen verbindet, die sogenannte Brille. Ihr Lebensraum ist trocken und steinig, vegetations- und deckungsreich, aber sonnendurchflutet. Die Leopardnatter ist oft in oder auf alten Legesteinmauern zu finden, wo sie sich in den Morgenstunden gerne sonnt, bevor sie auf die Jagd geht.

Diese Natter ist nicht sehr flink, klettert aber geschickt auf niedriges Buschwerk und erbeutet hier gelegentlich kleine Vögel. Das Weibchen legt bis zu sieben längliche und recht große Eier, oft in Legesteinmauern oder unter Laubhaufen. Die jungen Nattern schlüpfen meist recht spät im Jahr und gehen kurz darauf bereits in eine mehrmonatige Winterstarre. In der Zeit dazwischen ernähren sie sich vom nährstoffreichen Dotter, den sie vor dem Schlupf aus dem Ei aufgenommen haben. Sie überstehen die kalte Jahreszeit, da sie mit abnehmenden Außentemperaturen die Atmung und den Herzschlag verlangsamen und bewegungsunfähig werden. So verbrauchen sie kaum Energie. Um nicht einzufrieren, befindet sich in ihrem Blut eine Art Frostschutzmittel, das die Kristallbildung im Blut verhindert und damit auch das Erfrieren. Erzeugt die Sonne im Frühjahr wieder genug Wärme, erwachen die Leopardnattern und gehen auf Nahrungssuche, um zügig erwachsen zu werden.

Art, Familie *Zamenis situla*, Nattern (Colubridae) | **Vorkommen** südliches Europa | **Habitat** sonnendurchflutete, vegetations- und deckungsreiche Gebiete, bis 1.600 Meter Höhe | **Größe** Männchen 60–100 Zentimeter, Weibchen 100–120 Zentimeter Gesamtlänge | **Nahrung** Vögel, Eidechsen, Nagetiere | **Bedrohungsstatus** nach Roter Liste nicht gefährdet | **Merke** Ob gestreift oder gepunktet, die Leopardnatter ist immer die Schönste!

63 Leopardschildkröte

Afrikas Schildkröten-Ikone

Diese große und schön gemusterte Schildkröte besiedelt ein riesiges Verbreitungsgebiet auf dem afrikanischen Kontinent. Sie kommt in vielen Schutzgebieten mehrerer Länder vor und genießt bei der lokalen Bevölkerung vielerorts großen Respekt, was ihr einen gewissen Schutz gewährt. Je nach Anzahl und Verteilung der braunen Flecken auf beigem Grund sind die Tiere heller oder dunkler gefärbt und entsprechend gut in der Steppe oder auf dem Erdboden getarnt. Bei sehr alten Tieren verblasst die Zeichnung allmählich. Leopardschildkröten fallen nicht nur durch ihre markante Zeichnung auf, sondern auch durch ihre schiere Größe von bis zu 70 Zentimetern Panzerlänge.

Das Männchen wirbt um das Weibchen, indem er sie anrempelt – Schildkrötenpogo also! Bei der Paarung stößt das Männchen weit hörbare Rufe aus. Das größere Weibchen buddelt zur Eiablage mit den Hinterbeinen, die zudem kräftige Krallen tragen, bis zu 35 Zentimeter tiefe Löcher in den Boden. Ganz vorsichtig lässt das Tier ein Ei nach dem anderen an den Hinterbeinen in die Sandgrube gleiten. Hier werden die Eier auch nachträglich noch optimal platziert und anschließend vergraben. Nachdem das Weibchen noch ein paarmal über die Buddelstelle drübergerutscht ist, fällt kaum noch auf, dass hier jemand gegraben hat. Eine hervorragende Anpassung, um zu verhindern, dass Beutegreifer die Eier sofort wieder ausgraben. Je nach Gebiet und Klima kann die Entwicklungsdauer relativ kurz sein, 80 bis 120 Tage, oder sehr lang, bis zu einem Jahr. Beim Schlupf wiegen die Schildkröten 20 bis 40 Gramm.

Leopardschildkröten sind anpassungsfähige Tiere, die sowohl in sehr trockenen, niederschlagsarmen als auch in feuchteren Regionen gut zurechtkommen. Wird es der tagaktiven Schildkröte jedoch zu sonnig und zu heiß, verbirgt sie sich im Schatten, gräbt sich ein, hockt in einer Höhle oder verfällt in Sommerruhe, bis es wieder kühler wird.

Art, Familie *Stigmochelys pardalis*, Landschildkröten (Testudinidae) | Vorkommen Angola, Botswana, Burundi, Demokratische Republik Kongo, Dschibuti, Eswatini, Äthiopien, Kenia, Malawi, Mosambik, Namibia, Ruanda, Somalia, Südafrika, Südsudan, Vereinigte Republik Tansania, Uganda, Sambia, Simbabwe | Habitat Savanne, Grasland, bis 2.900 Meter Höhe | Größe bis 70 Zentimeter Panzerlänge, bis 20 Kilogramm; Männchen kleiner als Weibchen | Nahrung Pflanzen, hauptsächlich Gräser, Blätter, Früchte, Pilze | Bedrohungsstatus nach Roter Liste nicht gefährdet, Population unbekannt | Merke Viele Tiere sterben bei Buschbränden, an Elektrozäunen und in Kochtöpfen. Noch ist der Bestand nicht gefährdet – noch!

64 Marojejy-Blattchamäleon

Ein Großer unter den Zwergen

So richtig entspricht dieses Tier nicht dem typischen Bild eines Chamäleons. Aber eines kann es, sich verstecken! Dieser kleine, beinahe unscheinbare Geselle gehört zu den Erd- oder Blattchamäleons. Das Marojejy-Blattchamäleon und seine Verwandten leben endemisch auf Madagaskar. Die in verschiedenen Braun- und Rottönen gefärbten Tiere halten sich meist in der Laubstreu des Waldbodens auf und suchen hier nach Nahrung. Zum Schlafen klettern sie jedoch in Büsche oder an geeigneten Pflanzen empor, um sich dort sicher auszuruhen. Auf einem Ast sitzend kann das Chamäleon einen sich nähernden Fressfeind schneller durch die von ihm verursachten Geräusche und Vibrationen ausmachen und sich in Sicherheit bringen. Eine Reihe kleiner Stacheln entlang ihres Rückens kann die Echsen vor Angreifern schützen. Diese Stacheln befinden sich nicht auf dem Schwanz. Über den Augen hat das Tier einen spitz zulaufenden, knöchernen Fortsatz.

Der kurze Schwanz unterstützt als fünftes Bein praktisch bei der Fortbewegung am Boden. Das Marojejy-Blattchamäleon ist ganz auf Tarnung aus und ahmt ein dürres Blatt nach. Obwohl das Tier maximal 14 Zentimeter groß wird und zwischen vier bis 6,6 Gramm wiegt, gehört es zu den größeren Arten der Gattung, denn diese stellt auch das kleinste Reptil der Welt mit nur wenigen Zentimetern.

Durch Brandrodung muss der Regenwald landwirtschaftlichen Flächen weichen, verbliebene Restbestände des Waldes bleiben als vereinzelte Inseln übrig. Diese Habitate sind nicht verbunden, und so können sich isolierte Tiere nicht erreichen. Dieses Blattchamäleon lebt jedoch auch in geschützten Gebieten, wie dem Masoala-Nationalpark, und ist durch Gesetze geschützt. Das erste Exemplar seiner Art wurde im Marojejy-Nationalpark gefunden und von seinen Entdeckern nach Dr. Paul Griveaud (1907–1980) benannt, einem auf Madagaskar tätigen Entomologen (Insektenforscher).

Art, Familie *Brookesia griveaudi*, Chamäleons (Chamaeleonidae) | Vorkommen Nordost-Madagaskar (Masoala bis Daraina) | Habitat Berg- und Küstenregenwald, bis in 1.350 Meter Höhe | Größe zwölf bis 14 Zentimeter Gesamtlänge | Nahrung Insekten | Bedrohungsstatus nach Roter Liste potenziell gefährdet, Population abnehmend | Merke In Madagaskar werden Chamäleons »Tanalahy« genannt.

65 Mauereidechse

Der wissenschaftliche Name ist Programm

Der wissenschaftliche Name von Tieren und Pflanzen hat häufig etwas mit der Verbreitung oder bestimmten Eigenschaften der entsprechenden Lebewesen zu tun. Selten jedoch ist ein Name so zutreffend wie hier, denn *Podarcis* leitet sich vom griechischen »schnellfüßig« ab und *muralis* vom lateinischen »an Mauern lebend«. Wie der Name vermuten lässt, finden wir Mauereidechsen häufig an alten Natursteinmauern, wie Burg-, Kirch- oder Weinbergmauern und Ähnlichem. Sie nutzen aber auch andere Lebensräume, etwa natürliche und künstliche Gerölle wie zum Beispiel Kies- und Geröllbänke großer Flüsse und Bahndämme, sowie Steppenheidewälder und Trockenwiesen mit reichlich Felsdurchsatz.

Da natürliche Lebensräume heute selten sind, nutzt die Mauereidechse vor allem den menschlich geprägten Lebensraum. Sie hat sich zu einem echten Kulturfolger entwickelt. Ähnlich wie bei anderen heimischen Reptilien müssen die Habitate aber reichlich Versteck- und Rückzugsmöglichkeiten bieten. Und als mediterrane Art mag die Mauereidechse viel Sonne.

Was selten Erwähnung findet, ist die Tatsache, dass viele Tiere in gewissen Grenzen eine ordentliche Anpassungsfähigkeit zeigen. So ernährt sich die Mauereidechse von diversen Gliederfüßern. Verschiedene Untersuchungen haben sich mit der Frage nach den Beutetieren der Mauereidechse befasst. Hierfür wurde ihr Mageninhalt analysiert und die darin befindlichen Tiere bestimmt. In einem Küstenbiotop fanden die Forscher hauptsächlich Flohkrebse und Insekten in den Mägen, in einem Schlosspark fast ausschließlich Insekten, und am Saarbrücker Hauptbahnhof ernährten sich die Tiere meist von Spinnen und Asseln. Mauereidechsen sind also nicht besonders wählerisch, was ihre Beute angeht, was wiederum die Möglichkeit einer generellen Verbreitung bietet und Überlebenswahrscheinlichkeiten in Stresssituationen für die Population steigert. Die anpassungsfähige Echse kommt somit weit herum.

Art, Familie *Podarcis muralis*, Echte Eidechsen (Lacertidae) | Vorkommen Mittelspanien über deutsche Mittelgebirge im Norden bis Rumänien im Osten und Anatolien im Südosten | Habitat meist südseitige Hanglagen strukturierter Felsen, Mauern und Geröllfelder, Wald, Busch- und Grasland, bis in 2.500 Meter Höhe | Größe bis 20 Zentimeter Gesamtlänge | Nahrung diverse Gliederfüßer | Bedrohungsstatus nach Roter Liste nicht gefährdet, Population stabil; in Deutschland nach der Fauna-Flora-Habitat-Richtlinie streng geschützt | Merke Wer sie an senkrechten Mauern beobachtet, dem wird schwindelig!

66 Mauergecko

Ein häufiger Gast im Reisegepäck

Diesen Gecko treffen viele Urlauber an ihren Urlaubszielen entlang des Mittelmeers an. Der Mauergecko ist häufig in trockenen Regionen, in Ruinen, verlassenen Häusern oder an Mauern anzutreffen, die von der Sonne gut beschienen werden. Die Tiere genießen das Sonnenbad an den warmen Steinen, ziehen sich im Verlauf des Tages jedoch in schützende Spalten und Verstecke zurück. Die Geckos kommen meist im Frühjahr zur Paarung zusammen, die im April und Mai stattfindet. Die Weibchen legen bis zu drei Gelege mit je ein bis zwei Eiern ab. In den Sommermonaten kann man die Jungtiere an den Mauern herumwuseln sehen. In der Dämmerung gehen die Geckos auf die Jagd nach Insekten und nutzen häufig Laternen als Jagdrevier, um hier ihrer Beute nachzustellen, die sich um das Licht versammelt. Wird ein Gecko selbst zur Beute, hat er die einmalige Möglichkeit, den Angreifer durch Abwerfen seines Schwanzes an einer Sollbruchstelle zu verwirren und die Flucht zu ergreifen. Ein Regenerat wächst dann wieder nach.

Die Funktionen des Regenerats, so wird der nachgewachsene Schwanz bezeichnet, sind ebenso gut wie jene des Originals. Im Regenerat wächst anstelle von Knochen ein Knorpel als Stützbasis. Diese Neubildung eines Schwanzes ohne Narbenbildung ist sensationell und beschäftigt die Forschung seit jeher. Ein regenerierter Schwanz ist optisch oft vom Original zu unterscheiden. Der hier abgebildete Gecko trägt ein solches Regenerat. Er hat durch das Opfern seines Schwanzes an einen Fressfeind schon einmal sein Leben retten können.

Oft findet sich ein Gecko als blinder Passagier im Reisegepäck ahnungsloser Touristen wieder. Die flinken Tiere huschen gerne in die dunklen und kuscheligen Gepäckstücke und gelangen unbemerkt in die Heimatländer der Reisenden. Wird ein Gecko im Gepäck gefunden, sollte er an geeigneter Stelle und in kundige Hände abgegeben werden. Das Aussetzen ist nicht erlaubt!

Art, Familie *Tarentola mauritanica*, Blattfingergeckos (Phyllodactylidae) | Vorkommen im Mittelmeerraum weit verbreitet, in zahlreichen Ländern eingeführt | Habitat zahlreiche Habitate von Felsregionen bis zum lichten Wald, Kulturfolger, bis 2.300 Meter Höhe | Größe 7,4–8,4 Zentimeter Gesamtlänge | Nahrung Insekten und deren Larven, Spinnentiere | Bedrohungsstatus nach Roter Liste nicht gefährdet, Population stabil | Merke Vor der Heimreise bitte Gepäck auf blinde Passagiere überprüfen!

67 Meerechse

Godzillas charismatisches Vorbild

Diese urtümlich wirkenden Leguane leben endemisch auf vielen Inseln des Galápagos-Archipels. Hier haben sie sich an die besonderen Umstände ihrer Umgebung angepasst. Als wechselwarme Tiere sind sie auf die Wärmezufuhr durch die Sonne angewiesen. Zugleich müssen sie jedoch regelmäßig im kalten Meer auf Futtersuche gehen. Kleinere Tiere suchen oft bei Ebbe im flacheren Wasser nach Algen. Bei Flut im tieferen Wasser tauchen hauptsächlich große, kräftige Meerechsen bis in Tiefen von 30 Meter nach Nahrung und kühlen hier stark aus. Ein echtes Dilemma! Durch ihre dunkle, fast schwarze Körperfarbe wärmen sich die Echsen jedoch in der Sonne rasch auf und kommen schnell wieder auf Betriebstemperatur. Insbesondere direkt nach ihren Tauchgängen sind die ausgekühlten Leguane relativ wehrlos, zugleich aber auch sehr aggressiv und beißen rasch zu.

Männchen und Weibchen sind deutlich zu unterscheiden, die Männchen sind viel größer und kräftiger, sie haben zudem deutliche Stacheln vom Kopf aus entlang des Rückens. Die kräftigen, dominanten Männchen bewachen ihr Territorium und versuchen sich mit so vielen Weibchen wie möglich zu paaren.

Lange Zeit kannte die Wissenschaft nur fünf Unterarten der Meerechse. Nach einer Überarbeitung im Jahr 2017 durch eine Arbeitsgruppe der Technischen Universität Braunschweig sind nun elf Unterarten der Meerechse von den Inseln des Galápagos-Archipels bekannt. Dieses Wissen soll vor allem den Schutz der einzelnen, teils selten gewordenen Unterarten verbessern! Die Unterart *Amblyrhynchus cristatus godzilla* wurde nach dem bekannten Filmmonster Godzilla benannt, dessen Optik eine unbestrittene Ähnlichkeit mit der Echse hat, beziehungsweise umgekehrt. Diese Unterart lebt im Nordosten der Insel San Cristóbal, und der Bestand wurde als kritisch von Ausrottung bedroht eingestuft, da es vielleicht noch rund 300 erwachsene Tiere gibt.

Art, Familie *Amblyrhynchus cristatus*, Leguane (Iguanidae) | **Vorkommen** Ecuador (Galápagos-Archipel) | **Habitat** Felsküste am Meer mit Sandstrand, Mangroven | **Größe** variabel je nach Habitat, Männchen 80 bis 180 Zentimeter, Weibchen bis 60 Zentimeter Gesamtlänge | **Nahrung** Meeralgen, besonders Rot- und Grünalgen, wenige Küstenpflanzen, Sukkulente | **Bedrohungsstatus** nach Roter Liste gefährdet, Population abnehmend | **Merke** Ölverschmutzung, verwilderte Katzen, die Jagd auf sie machen, und der El-Niño-Effekt, der Einfluss auf die Nahrung der Tiere hat, bedrohen die Meerechsen.

68 Mississippi-Alligator

Sensibler Überlebenskünstler mit Kultcharakter

Sollten Sie mal einem Alligator begegnen, können Sie diesen gut von einem Echten Krokodil unterscheiden. Beim geschlossenen Maul eines Alligators respektive Kaimans wird der Unterkiefer vom Oberkiefer so verdeckt, dass die untere Zahnreihe nicht zu sehen ist. Abgesehen vom kleinen China-Alligator sind Alligatoren ausschließlich in Nord-, Mittel- und Südamerika zu Hause. Zur Familie der Alligatoren gehören auch die Kaimane.

Die Mississippi- oder Hechtalligatoren können problemlos frostige Temperaturen überstehen und überdauern den Winter im Schlamm oder in Erdlöchern. Manchmal liegen sie sogar noch bei extrem eisigen Temperaturen im Wasser. Dann strecken sie ihre Schnauze gerade so weit heraus, dass die Nasenlöcher frei sind. So lassen sich die Tiere einfrieren. Nun heißt es Ruhe bewahren, Köperfunktionen auf ein Minimum drosseln und abwarten, bis es taut. So überstehen sie die Eiseskälte unbeschadet, und dann kann das Leben weitergehen.

Der Bestand der einst für die Lederindustrie stark bejagten Tiere hat sich nach Einführung eines Programms für die nachhaltige Nutzung der wild lebenden Populationen hervorragend erholt. Heute sorgen in den Staaten der USA, in denen die Tiere vorkommen, Alligator-Management-Programme für stabile und sogar wachsende Populationen von mehreren Millionen Alligatoren. Einnahmen aus den Produkten kommen dem Schutz und somit wiederum dem Regulierungssystem der Art zugute. Allerdings werden die Tiere auch für sogenannte Alligator-Wrestling-Auftritte eingesetzt, die wenig mit Natur- und Artenschutz oder gar dem Wohlergehen der Tiere zu tun haben. Sie dienen vielmehr der Belustigung von Touristen und sind ein lukratives Geschäft für die Hintermänner. Studien zeigten, dass sich der Stresspegel im Blut der Tiere nach einer zwei- bis 15-minütigen Fesselung erst nach acht Stunden wieder normalisiert. Die sogenannten Panzerechsen sind demnach sensibel!

Art, Familie *Alligator mississippiensis*, Alligatoren (Alligatoridae) | **Vorkommen** Südosten der USA (Arkansas, North Carolina, South Carolina, Georgia, Florida, Louisiana, Alabama, Mississippi, Oklahoma und Texas) | **Habitat** Feuchtgebiete, Sümpfe, Seen, Flüsse, im Süßwasser | **Größe** Männchen 400–500 Zentimeter, Weibchen 300–400 Zentimeter Gesamtlänge | **Nahrung** Fisch, kleine Säugetiere, Vögel, Reptilien, Amphibien, Wirbellose | **Bedrohungsstatus** nach Roter Liste nicht gefährdet, Population zunehmend | **Merke** Fast 25 Prozent der weltweit genutzten Krokodilhäute stammen vom Hechtalligator.

69 Moschusschildkröte

Stinkige Stupsnase mit eisernem Überlebenswillen

Der Name *Sternotherus odoratus* verrät schon viel über diese kleine Wasserschildkröte. Im Griechischen bedeutet *sternon* »Brust«, und das *therus* leitet sich von *thairos*, dem Scharnier einer Tür, ab. Denn diese Schildkröte besitzt ein schwach ausgebildetes Scharnier im Bauchpanzer (Plastron) zwischen den Brust- und Bauchschilden. Zudem verspricht das lateinische Wort *odoratus* ein Geruchserlebnis – nicht ohne Grund, denn das Tier verfügt über Moschusdrüsen, durch die es ein stark duftendes Sekret absondern kann. Dies dient der Feindabwehr und brachte der Gewöhnlichen Moschusschildkröte den wenig charmanten englischen Namen »Stinkpot« (Stinktopf) ein.

Die meiste Zeit ihres Lebens verbringt die Moschusschildkröte unter Wasser. Sie taucht hierzu etwa 20 Minuten am Stück und kommt erst zur Atmung wieder an die Oberfläche. Das Wasser verlässt sie allenfalls zum Sonnenbad, zur Paarung und zur Eiablage. Zu lange Zeit außerhalb des Wassers überlebt sie aufgrund zu großen Wasserverlustes nicht. Diese Schildkröte kann Farben sehen und Rot und Gelb von Grün und Blau unterscheiden.

Die Temperatur, bei der die Eier gezeitigt werden, bestimmt das Geschlecht des Schlüpflings. Ab 28 Grad Celsius schlüpfen Weibchen, bei kühleren Temperaturen beide Geschlechter, bei 25 Grad Celsius entwickeln sich Männchen und zwischen 21 und 23 Grad Celsius wieder Weibchen. In menschlicher Obhut können die Tiere rund 54 Jahre alt werden, während sie in der Natur ein Alter von 20 bis 30 Jahren erreichen. Diese Schildkrötenart scheint kaum vom menschlichen Dasein beeinflusst zu werden. Bisher lässt sie sich wenig von negativen Umwelteinflüssen beeindrucken, und es gab keine Berichte darüber, dass sie als Beifang in Netzen landet. Sogar unter die Räder kommt sie selten. Zudem lebt sie in den USA in zahlreichen Staaten und hier in vielen Naturschutzgebieten. »Last turtle standing« sozusagen!

Art, Familie *Sternotherus odoratus*, Schlammschildkröten (Kinosternidae) | Vorkommen Kanada (Ontario, Québec), USA (Maine bis Texas, Missouri und Wisconsin bis Florida), Mexiko (möglicherweise Chihuahua) | Habitat Feuchtgebiete, diverse stehende und fließende Süßgewässer | Größe Männchen 13,7 Zentimeter, Weibchen 15 Zentimeter Panzerlänge | Nahrung Allesfresser, Weibchen haben eine Vorliebe für Schnecken und Muscheln und die Männchen für Insekten | Bedrohungsstatus nach Roter Liste nicht gefährdet, Population stabil | Merke Mit ihrer kräftigen Kauleiste kann sie problemlos Schnecken knacken, Vorsicht vor dem Biss!

70 Nano-Chamäleon

Die Kleinsten werden die Größten sein!

Die Riesen im Tierreich sind meist gut zu finden, es sei denn, sie verbergen sich gekonnt in der Tiefsee oder an anderen für den Menschen völlig unzugänglichen Orten der Erde. Aber die sehr kleinen Lebewesen entziehen sich oft erfolgreich unseren Blicken und können sich über lange Zeit verbergen. Hier erfordert es wirklich Forschergeist und ein gutes Auge, um die Kleinsten der Kleinen zu entdecken. Sehr klein zu sein, ist auch mit hohen Risiken verbunden, denn je kleiner der Körper ist, desto größer wird im Verhältnis zur Masse die Oberfläche. Und über diese große Oberfläche verliert der Körper sehr viel Wärme. Wechselwarme Tiere, und das sind Reptilien zweifelsohne, müssen mit ihrer Körpertemperatur haushalten. Dem Zwergenwuchs sind Grenzen gesetzt.

Die Blattchamäleons haben zwei Hauptlinien, eine mit größer gewachsenen Tieren von 34 bis 66 Millimetern und die *Brookesia-minima*-Gruppe. Diese Mini-Eidechsen werden nur wenige Zentimeter groß und gehören zu den kleinsten Wirbeltieren der Welt.

Brookesia micra stammt von der Insel Nosy Hara und ist mit weniger als 30 Millimeter Gesamtlänge bereits ein echter Winzling. Das kleinste Reptil der Welt ist seit seiner Entdeckung aber das Nano-Chamäleon, dessen Männchen lediglich eine Gesamtlänge von 21,6 Millimetern aufweisen.

Zur Unterscheidung der Arten wird bei den Chamäleons auch die Form der Hemipenes herangezogen. So wurden auch die Genitalien dieser 2021 neu beschriebenen Art mit denen der übrigen aus der Gattung *Brookesia* verglichen. Diese vergleichende Studie zur Genitallänge der auf Madagaskar endemischen Chamäleons offenbarte die Tendenz, dass die kleinsten Chamäleons die relativ größten Hemipenes haben. Dies könnte eine Folge des umgekehrten sexuellen Größendimorphismus sein. Da die Weibchen größer sind, müssen möglicherweise die Begattungsorgane der Männchen entsprechend größer sein.

Art, Familie *Brookesia nana*, Chamäleons (Chamaeleonidae) | Vorkommen Nordmadagaskar (Sorata-Massiv) | Habitat Regenwald, in 1.339 Meter Höhe | Größe Männchen 21,6 Millimeter, Weibchen 28,9 Millimeter Gesamtlänge | Nahrung kleinste Wirbellose, Insekten | Bedrohungsstatus noch nicht in der Roten Liste aufgeführt | Merke Wer so klein ist, friert von Hause aus schnell!

71 Nashornleguan

Der mit dem Horn

Dieser Leguan glänzt nicht mit einer beeindruckenden Färbung, sondern mit einem bemerkenswerten Kopfschmuck, der ihm auch seinen Namen eingebracht hat. Denn mit den auf der Nase emporragenden drei Hörnern sieht er einem Nashorn wirklich sehr ähnlich, zumal auch der Leguan unscheinbar grau bis graublau gefärbt ist. Die Männchen haben am Hinterkopf zudem noch zwei große, nebeneinanderliegende, auffällige Wülste. Der Nashornleguan gehört zur Gattung der Wirtelschwanzleguane (*Cyclura*). Diese zeichnen sich zum Beispiel dadurch aus, dass sie auf dem Rücken zu unterschiedlich langen Dornen umgewandelte Schuppen besitzen. Dieser Rückenkamm zieht sich entlang des Rückens bis zum Schwanzende hin. Die Wirtelschwanzleguane sind endemisch auf diversen Inseln der Nördlichen Antillen. Aktuell sind zehn Arten der Gattung beschrieben. Und neben dem Nashornleguan lebt auch noch der ebenfalls stark gefährdete Hispaniola-Leguan (*Cyclura ricordii*) auf Hispaniola.

Nashornleguane sind gesellig und leben in Kolonien. Allerdings kommt es während der Paarungszeit zwischen den Männchen zu Kämpfen um die Weibchen. Wichtig für die Tiere ist ein tiefgründiger Boden, damit sie hier ihre Höhlen graben und die Weibchen die Nester anlegen können. Ein Weibchen gräbt eine etwa 40 Zentimeter lange Röhre mit einer Höhle am Ende, in diese legt sie das Gelege aus bis zu 25 fast gänseeigroßen Eiern ab. Manchmal wird das Nest auch bewacht. Nach rund 85 bis 100 Tagen schlüpfen die jungen Nashornleguane mit einer Größe von 26 bis 30 Zentimetern und einem Gewicht von bis zu 50 Gramm. Die tagaktiven Leguane verbringen die Nacht bevorzugt in selbst gegrabenen Höhlen oder anderen Unterschlüpfen.

Mit bis zu zehn Kilogramm Körpergewicht und einem wohl relativ schmackhaften Fleisch sind diese Tiere für die arme Bevölkerung eine lukrative und proteinreiche Mahlzeit. So ist der Bestand in ihrer Heimat dramatisch zurückgegangen.

Art, Familie *Cyclura cornuta*, Leguane (Iguanidae) | **Vorkommen** Hispaniola (Haiti, Dominikanische Republik), umliegende Inseln | **Habitat** Wald, Busch- und Grasland, felsige Regionen mit vielen Höhlen, bis 400 Meter Höhe | **Größe** 115 – 150 Zentimeter Gesamtlänge | **Nahrung** Pflanzen, Blüten, wenig Insekten | **Bedrohungsstatus** nach Roter Liste stark gefährdet, Population abnehmend | **Merke** Nicht jeder Hornträger ist ein Koloss.

72 Nattern-Plattschwanz

Das Gewohnheitstier

Diese schöne Seeschlange ist kaum aggressiv, und man braucht wenig Sorge zu haben, ihr beim Schwimmen zu begegnen, da sie nachtaktiv ist. Tagsüber verbirgt sie sich in Spalten am Riff oder in Höhlen. Der Nattern-Plattschwanz ist die am weitesten verbreitete Art der Gattung.

Namensgebend und sehr auffällig ist der seitlich abgeflachte Schwanz, mit dem die Schlange hervorragend schwimmen kann. Durch diese paddelartige Umformung des Schwanzes ist sie 60 Prozent schneller im Wasser unterwegs als ohne. Allerdings ist sie dadurch auch um 80 Prozent langsamer an Land. Aber was soll's, hier muss sie ja auch keine Fische jagen!

Interessant ist in manchen Bereichen, in denen diese Art vorkommt, wie den Fidschi-Inseln, ein extrem ausgeprägter Sexualdimorphismus. Die Weibchen sind hier erheblich größer, haben längere und breitere Köpfe. Sie machen Jagd auf große Meeraale, während die Männchen sich von kleinen Muränen ernähren. Die Weibchen fressen meist nur ein großes Beutetier, und die Männchen erbeuten und fressen bei einem Beutezug mehrere kleine Beutetiere, um satt zu werden. Die Tiere sind sehr standorttreu und kehren immer wieder an ihren Heimatstrand zurück.

Um sich zu häuten, zu verdauen und auszuruhen, verlässt die Schlange das Meer und kommt ans Ufer. Hier trinkt sie auch Süßwasser. Über die Fortpflanzung dieser Art ist kaum etwas bekannt. Man weiß lediglich, dass die Weibchen die Nester an Land anlegen. Als Anpassung an das Leben im Meer haben die Schlangen neben dem Ruderschwanz vergrößerte Lungen, kleinere Schuppen am Bauch und salzabsondernde Drüsen. Die Tiere halten sich etwa genauso lange an Land auf wie im Meer. Diese Schlange ist übrigens giftig! In ihrer Familie befinden sich unter anderem auch die Kobras, Mambas und Kraits, allesamt die giftigsten Schlangen der Welt, die wichtige Stoffe für die Pharmazie liefern.

Art, Familie *Laticauda colubrina*, Giftnattern (Elapidae) | **Vorkommen** Ostindien, Pazifischer Ozean, entlang der Küsten | **Habitat** Meer, Mangroven, Korallenriffe, meist flaches Gewässer | **Größe** 110–140 Zentimeter Gesamtlänge | **Nahrung** Weibchen: Meeraale, Männchen: Muränen, kleine aalartige Fische | **Bedrohungsstatus** nach Roter Liste nicht gefährdet, Population stabil | **Merke** Vorsicht beim Nachtbaden!

73__Nessie

Mythos, Wahrheit? Wer will das so genau wissen!?

Wenn nicht hier, wo dann könnte die menschliche Phantasie so vortrefflich beflügelt werden wie in den schottischen Highlands? Aber mal ehrlich, wer möchte nicht an diesen Mythos, das Ungeheuer von Loch Ness, glauben?! Wäre es nicht phantastisch, wäre Nessie nicht nur Aberglaube, sondern ein Nachfahre der letzten Plesiosaurier in Fleisch und Blut?

Forscher und Wissenschaftler wären nicht das, was sie sind, wenn sie nicht daran glauben würden, in den dichtesten Urwäldern, den tiefsten Meeresgräben und unberührtesten Winkeln der Erde noch unbekannte Arten zu entdecken oder ausgestorben geglaubte Spezies wiederfinden zu können. Und hat man mal das Glück, ist man voller Ehrfurcht und Dankbarkeit und staunt darüber, dass es diese Art so lange Zeit verstanden hat, sich erfolgreich vor den Blicken der Menschen zu verbergen, und vor allem, bis heute zu überleben. Respekt!

Die Entdeckung und wissenschaftliche Beschreibung einer Art ist nicht nur sensationell, da man sie nun erforschen kann, sondern auch wichtig, um sie überhaupt schützen zu können. Das dachten sich auch die beiden Kryptozoologen Robert Rines und Sir Peter Scott, als sie dem Ungeheuer von Loch Ness seinen Namen gaben, *Nessiteras rhombopteryx*. Dieser bedeutet so viel wie das »Ness-Monster mit rautenförmigen Flossen« und wurde bereits 1975 in keiner geringeren Zeitschrift als in »Nature« veröffentlicht. Kryptozoologie ist die Erforschung schwer auffindbarer Tiere, die nur aus Mythen und Legenden bekannt sind. Kryptozoologen sind Kryptiden auf der Spur, den Hauptdarstellern der Mythen, und sie vermuten einen wahren Kern, denn ein lebendes Wesen müsste der Auslöser dieser Legenden gewesen sein. Und mit viel Glück und nach intensiver Suche erweisen sich manchmal solche Tiere als wahrhaftig lebendig, wie der Quastenflosser oder die Brückenechse und wer weiß, vielleicht auch Nessie!?

Art, Familie *Nessiteras rhombopteryx*, Kryptid | **Vorkommen** Schottland (Loch Ness) | **Habitat** Süßwassersee | **Größe** 15 – 20 Meter Gesamtlänge (Flossen 200 Zentimeter, Hals 300 – 400 Zentimeter) | **Nahrung** wahrscheinlich Fisch, aquatische Wirbellose | **Bedrohungsstatus** nicht in der Roten Liste gelistet, im Vereinigten Königreich unter Naturschutz | **Merke** »Was wir wissen, ist ein Tropfen, was wir nicht wissen, ein Ozean« (Isaac Newton, 1643 – 1727).

74 Netzpython

Verkannte Schönheit zeigt Größe

Diese beeindruckende Schlange zählt zu den Riesenschlangen und gilt als längstes Reptil der Welt. Laut Aufzeichnungen kann dieser Python eine Gesamtlänge von zehn Metern erreichen. Es gibt regelmäßig Meldungen von Sichtungen einzelner Netzpythons mit belegten Längen von acht bis 8,5 Metern. Besonders aus dem Süden Thailands sind solche Berichte nicht ungewöhnlich. Sollten Sie mal in Bangkok Urlaub machen, lohnt es sich, dort die Augen offen zu halten. Oftmals werden in der Millionenmetropole Exemplare dieser Schlangenart besonders in der Regenzeit gesichtet und führen mehrmals täglich zu Einsätzen der örtlichen Feuerwehr.

Seinen Namen verdankt dieser Python der Musterung auf seinem Rücken. Rauten mit abwechselnd heller oder dunkler Umrandung bilden ein Netzmuster, das zu der Bezeichnung Netzpython führte. Leider wurde diese schöne Zeichnung dem Python auch zum Verhängnis. Da Naturentnahmen inzwischen verboten sind, wird die beeindruckende Schönheit in großen Stückzahlen in Farmen gezüchtet. Haben die Schlangen hier eine bestimmte Länge erreicht, wird die Haut genutzt, um sie als Lederware auch für den deutschen Markt zu Gürteln oder Handtaschen zu verarbeiten.

Es gibt drei Unterarten des Netzpythons, neben der Nominatform ist der Jampea-Netzpython (*Malayopython reticulatus jampeanus*) und der Saputras-Netzpython (*Malayopython reticulatus saputrai*) bekannt, die beide 2002 beschrieben wurden. Der Netzpython legt gänseeigroße Eier. Das Gelege, das aus bis zu 100 Eiern bestehen kann, wird vom Muttertier bebrütet. Sie wickelt sich um das Gelege und reguliert durch Muskelkontraktionen die Temperatur während der Entwicklungszeit. So bleibt die Temperatur der Eier relativ konstant bei 31,5 Grad Celsius. Die voll entwickelten Jungschlangen öffnen die Eier nach 60 bis 80 Tagen und sind danach vollkommen auf sich allein gestellt. Sie erwartet ein ereignisreiches Leben.

Art, Familie *Malayopython reticulatus*, Pythons (Pythonidae) | Vorkommen Südostasien | Habitat tropische Regenwälder, Sümpfe, Buschland, Kulturlandschaften, bis 1.000 Meter Höhe | Größe 850–900 Zentimeter Gesamtlänge | Nahrung Säugetiere, Vögel, Reptilien | Bedrohungsstatus nach Roter Liste nicht gefährdet, Population unbekannt | Merke Die Netzpython ist die längste ihrer Familie.

75 Neuguinea-Weichschildkröte

Nur Fliegen ist schöner

Der englische Name »Pig-nosed turtle«, Schweinenasen-Schildkröte, beschreibt treffend das Aussehen dieser auffälligen Wasserschildkröte: ihre ausgezogene, fleischige Nase erinnert an die eines Schweinchens. Aufgrund ihrer possierlichen Optik, die durch ihre großen Augen unterstützt wird, ist diese Süßwasserschildkröte ein begehrtes Heimtier und wird hierfür vermehrt gesammelt.

Die großen, paddelförmigen Vorderflossen ähneln denen der Meeresschildkröten. Die Tiere nutzen ihre Flossen sehr gekonnt beim Schwimmen und bewegen sich im Wasser überaus wendig – sie scheinen zu fliegen! Sie laufen auf dem Grund des Gewässers wie andere Wasserschildkröten, haben aber zusätzlich eine einzigartige Fortbewegungsweise entwickelt: einen zweibeinigen Laufmechanismus. Lediglich die Hinterbeine berühren dabei den Boden, während Kopf und Brustpanzer (Plastron) über dem Untergrund gehalten werden, wobei die großen Vorderflossen für den vorderen Auftrieb und die Stabilität sorgen. So laufen die Tiere zweibeinig … Okay, unter Wasser, aber immerhin! Zudem geben sie im Wasser verschiedene Laute zur Kommunikation ab.

Die Neuguinea-Weichschildkröte nistet im Schutz der Nacht in Gruppen auf Sandbänken am Flussufer. Weibchen legen nur alle zwei Jahre im Schnitt zehn bis 21 Eier pro Gelege. Die Gelegegröße ist standortabhängig verschieden, in Australien sind die Gelege kleiner als in Papua-Neuguinea. Auch bei dieser Art wird das Geschlecht durch die Inkubationstemperatur bestimmt, bei kühleren Temperaturen von 27,7 bis 31,5 Grad Celsius schlüpfen Männchen und bei wärmeren Temperaturen die Weibchen. Die Embryos legen eine Entwicklungspause ein, so wird erreicht, dass der Schlupf mit dem Einsetzen der Regenzeit zusammentrifft. Die Überflutung löst den Schlupf der kleinen Schildkröten nach 65 bis 72 Tagen aus.

Art, Familie *Carettochelys insculpta*, Papua-Weichschildkröten (Carettochelydae) | Vorkommen etwa zehn Prozent in Australien (Northern Territory) und 90 Prozent in Indonesien (Papua sowie südliches Papua-Neuguinea) | Habitat Flüsse, Seen, Wasserlöcher, Lagunen | Größe Männchen 41,3–53 Zentimeter Panzerlänge, Weibchen 52,5–61 Zentimeter Panzerlänge | Nahrung Allesfresser, Vorliebe für Früchte, Wasserpflanzen, Weichtiere, Krebse, Insekten, Fische, Aas | Bedrohungsstatus nach Roter Liste stark gefährdet, Population abnehmend | Merke Die Not des einen, die Freude des anderen: Die invasive Aga-Kröte ließ den Bestand des Arguswarans zunächst schrumpfen, jedoch stieg die Schlupfrate dieser Schildkröte um 20 Prozent wieder an! Der Waran fraß stets ihre Eier weg.

76 Neukaledonischer Riesengecko

Charmanter Riese auf Samtpfoten

Der Neukaledonische Riesengecko ist der größte lebende Gecko der Welt und kommt nur auf Neukaledonien vor. Der sehr heimlich lebende Gecko versteht es vortrefflich, in den Baumkronen ein verborgenes Dasein zu führen. Erst in der Dämmerung und der schützenden Dunkelheit der Nacht kommt er aus seiner Baumhöhle und geht auf die Suche nach Futter. Das Weibchen legt meist zwei Eier ab, die kurz nach der Ablage miteinander verkleben, und bewacht diese auch. Nach rund 60 bis 90 Tagen schlüpfen die jungen Geckos.

Die Färbung hat bei diesem Gecko eine große Bedeutung. Das Fleckenmuster variiert in verschiedenen Beige-, Grün-, Braun- bis Olivtönen. Je nach Stimmung, Temperatur und Luftfeuchtigkeit erscheint das Tier heller oder dunkler. Um sich noch besser zu tarnen, schmiegt sich das Tier dicht an seinen Sitzplatz und verschmilzt förmlich mit dem Untergrund. Bei Gefahr kann auch diese Geckoart ihren kurzen Schwanz abwerfen, dieser wächst wieder nach. Riesengeckos können diverse Laute von sich geben. So haben sie zwei verschiedene Alarmrufe, einen kurzen wie ein Klickern und einen längeren, der sich wie ein längeres Quietschen anhört. Wirbt ein Männchen um eine Partnerin, gibt es andere Töne von sich, ähnlich einem Quaken, so markiert der Gecko auch sein Revier und zeigt an: Dieser Platz ist besetzt!

Als Fruchtfresser sorgen diese großen Geckos dafür, dass sich Pflanzen in ihrem Lebensraum verbreiten, indem sie ihre Samen ausscheiden. Sie sind somit wichtig für den Erhalt einer intakten, vielfältigen Pflanzen- und Lebensgemeinschaft im Regenwald. Der Lebensraumverlust durch Abholzung der Wälder für Landwirtschaft und die Bedrohung durch eingeschleppte Ratten stellen jedoch ein Problem für den Bestand dieser endemischen Geckoart dar.

Art, Familie *Rhacodactylus leachianus*, Doppelfingergeckos (Diplodactylidae) | Vorkommen Neukaledonien (Grande Terre, Ile des Pins und umliegende kleinere Inseln) | Habitat Küsten- und Bergregenwald, in 500–1.100 Meter Höhe | Größe 25–40 Zentimeter Gesamtlänge | Nahrung Früchte, Pflanzensäfte, wenige Insekten | Bedrohungsstatus nach Roter Liste nicht gefährdet, Population stabil | Merke Dieser Gecko kann älter als 30 Jahre werden.

77_Nilkrokodil

Krokodile mit Gottstatus

Das Krokodil vom Nil kommt nicht nur am wohl längsten Fluss der Welt vor, sondern lebt auch in und an zahlreichen anderen Gewässern in Afrika und ist hier gar nicht wählerisch. Von der Küste bis zum Sumpf bewohnt das Nilkrokodil beinahe alles, was Wasser führt. Dabei haben es die hervorragenden Schwimmer sogar auf die Inseln der Komoren und nach Madagaskar geschafft.

Fortpflanzungsbereite Weibchen bevorzugen zur Eiablage jedoch eher sandige, trockene Bereiche. Sie legen bis zu 80 Eier in eine eigens gegrabene Grube im Sandboden ab. Die Eier werden zwar wieder verbuddelt und gut bewacht, dennoch machen sich gerne zahlreiche tierische und menschliche Räuber über die nahrhafte Beute her. Nach 75 bis 100 Tagen schlüpfen die Jungkrokodile, die bis zu zwei Monate von ihrer Mutter vehement verteidigt werden. Nachdem sie von ihr verlassen wurden, verbergen sie sich noch einige Zeit, bis sie eine Körpergröße erreicht haben, mit der sie gegenüber Fressfeinden, inklusive der eigenen Verwandtschaft, Eindruck schinden können und nicht mehr auf deren Speisekarte landen.

Die alten Ägypter verehrten den Krokodilgott Sobek, den Herrscher über das Wasser, der optisch dem Nilkrokodil oder dem ihm sehr ähnlichen Westafrikanischen Krokodil (*Crocodylus suchus*) nachempfunden wurde. Seinerzeit wurden Krokodile in Teichen der Tempelanlagen gehegt und gepflegt und verstorbene Exemplare, ebenso wie Menschen, sorgsam mumifiziert. Bei der modernen Forschung halfen die Mumien aus alter Zeit sogar, die sich sehr ähnlichen Arten zu differenzieren und endgültig als zwei getrennte Arten zu identifizieren. Bei den Untersuchungen wurden nicht nur Proben von lebenden Krokodilen, sondern auch Material von Museumsexemplaren, darunter 2.000 Jahre alte Krokodilmumien, analysiert. Das hätten sich die alten Ägypter sicher nicht träumen lassen, dass sie im 21. Jahrhundert moderne Forschung unterstützen.

Art, Familie *Crocodylus niloticus*, Echte Krokodile (Crocodylidae) | **Vorkommen** von Ost- über Zentral- bis Südafrika (Senegal, Gambia bis Somalia und von Ägypten bis Angola und Südafrika), Madagaskar, Komoren-Inseln | **Habitat** zahlreiche Gewässertypen wie Sümpfe, Flüsse, Seen und Küsten | **Größe** 150–370 Zentimeter, in Ausnahmefällen bis 600 Zentimeter Gesamtlänge, je nach Verbreitungsgebiet, Weibchen kleiner als Männchen | **Nahrung** hauptsächlich Fisch, aber auch Säugetiere, Aas, Wirbellose | **Bedrohungsstatus** nach Roter Liste nicht gefährdet, Population stabil | **Merke** Der Artstatus ist auch für den Natur- und Artenschutz wichtig!

78_Pantherchamäleon

Das sprichwörtliche Chamäleon!

Mit seiner beachtlichen Gesamtlänge von bis zu 52 Zentimetern ist das Pantherchamäleon eines der größten seiner Familie. Nahezu alle Mitglieder dieser Familie gelten als gefährdet, das Pantherchamäleon jedoch zurzeit nicht, da es zwar natürlicherweise im primären Regenwald daheim ist, aber auch viele menschlich beeinflusste Lebensräume einnimmt, solange sie ausreichend warm und feucht sind. Dazu gehören Plantagen ebenso wie Buschland, Feldränder und sekundäre Wälder. Durch fortschreitende Zerstörung natürlicher Lebensräume auf Madagaskar werden diese Sekundärlebensräume immer wichtiger.

Bekanntermaßen können (fast alle) Chamäleons ihre Farbe verändern. Das ist übrigens im Tierreich verbreiteter, als man denkt. Aber Chamäleons können es besonders gut, und bei ihnen ist es gut erforscht. Meist sind die Tiere ihrem Lebensraum entsprechend tarnend gefärbt, also gerne grün oder braun, und passen sich Änderungen der Umgebung an. Der Farbwechsel hat aber sehr viel mit sozialer Kommunikation zu tun. Als Paradebeispiel wird häufig die Paarungsbereitschaft gewählt, da die Chamäleons diese den Artgenossen durch besonders kräftige, auffällige, häufig irisierende Farben kundtun. Viele Fotos von leuchtend bunten Tieren stammen von paarungsbereiten Exemplaren.

Auch andere Gemütslagen, wie Angst oder Kampfbereitschaft, werden durch zum Teil sehr schnelle Farbwechsel mitgeteilt. Dafür besitzen Chamäleons mehrere Schichten von Chromatophoren (Zellen, die Pigmente enthalten) in der oberflächennahen Hautschicht, die was Tolles können: Innerhalb der Zellen werden farbstoffhaltige Teile in ihrer Anordnung verändert. So wechselt die Farbe der Haut. Es gibt verschiedene Arten von Farbzellen mit unterschiedlichen Aufgaben, die zum Beispiel für irisierende Farbeffekte sorgen. Natürlich ist es etwas komplexer, aber auch so schon wirklich eine sensationelle Anpassung.

Art, Familie *Furcifer pardalis*, Chamäleons (Chamaeleonidae) | **Vorkommen** Nord- und Nordostmadagaskar und nahe gelegene Inseln, Mauritius, Réunion | **Habitat** Primärregenwälder in Küstennähe, auch Plantagen, Buschland | **Größe** bis 52 Zentimeter Gesamtlänge | **Nahrung** Insekten, Spinnentiere | **Bedrohungsstatus** nach Roter Liste nicht gefährdet, Population stabil | **Merke** Nur unter den Kopffüßern (Cephalopoda) gibt es noch bessere Farbwechselkünstler!

79_Philippinen-Krokodil

Das seltenste Krokodil der Welt!

Das Philippinen- oder Mindoro-Krokodil, wie es nach seinem ersten Fundort heißt, wurde relativ spät 1935 wissenschaftlich beschrieben. Bejagung, Lebensraumverlust und Beifang in Fischernetzen ließen den Bestand seit der Entdeckung jedoch um 85 bis 94 Prozent schrumpfen. Schätzungen gehen davon aus, dass lediglich rund 100 Tiere in der Natur verblieben sind.

Weibchen errichten während der Trockenzeit aus 70 Prozent organischen Stoffen und 30 Prozent anorganischen Materialien wie Erde und Steinen Hügelnester. Im Durchschnitt besteht das Gelege aus 20 Eiern, es wird jedoch nicht von den Eltern verteidigt. So ist der Verlust durch Nesträuber, sowohl tierischer als auch menschlicher Natur, relativ hoch. Gesunde Jungtiere rufen während des Schlupfes nach ihrer Mutter, die ihnen beim Ausstieg aus dem Ei behilflich ist und die kleinen Krokodile im Maul vorsichtig ins Wasser trägt.

Für das Philippinen-Krokodil wird in der Roten Liste der Weltnaturschutzunion ein Grüner Status angegeben. Dieser zeigt für bedrohte Arten an, wie hoch die Möglichkeit ist, dass die Art durch Schutz- und Zuchtmaßnahmen regeneriert. Der Wiederherstellungsgrad dieser Art liegt bei 13 Prozent. Ohne die erfolgten Schutzmaßnahmen stünde diese Krokodilart bereits vor dem endgültigen Aus. Doch noch ist es nicht zu spät, das seltenste Krokodil der Welt zu retten! Die erste Nachzucht in einem europäischen Zoo gelang 2013 dem Zoo Köln, weitere Zoos folgten, sodass heute eine Reservepopulation von mehr als 50 Philippinen-Krokodilen in Europa lebt. Diese Tiere bleiben Eigentum der philippinischen Regierung. »Hulky« und »Dodong« sind neben ihren Eltern »Mindo« und »Pinoy« die wohl bekanntesten Zoo-Krokodile, denn sie sind die zwei ersten Philippinen-Krokodile, die sich 2020 von Köln auf die Reise in ihre ursprüngliche Heimat machten, um dort zur Erhaltung ihrer Art beizutragen.

Art, Familie *Crocodylus mindorensis*, Echte Krokodile (Crocodylidae) | **Vorkommen** Philippinen (Inseln Dalupiri, Nord-Luzon und Mindanao) | **Habitat** Feuchtgebiete, Sümpfe, Tümpel, Bäche, Flüsse mit Süßwasser, bis 850 Meter über dem Meeresspiegel | **Größe** 270–300 Zentimeter Gesamtlänge | **Nahrung** Fische, kleine Säugetiere, Vögel, Reptilien, Wirbellose (Insekten, Krabben, Schnecken) | **Bedrohungsstatus** nach Roter Liste kritisch von Ausrottung bedroht, Population abnehmend, Grüner Status: kritisch verarmt | **Merke** Das Erhaltungszuchtprogramm in den Zoos wurde von der Weltnaturschutzunion IUCN aufgrund der Seltenheit dieser Art empfohlen.

80 Philippinische Waldschildkröte

Opfer ihrer Wiederentdeckung

Wohl aufgrund eines Beschriftungsfehlers der ersten beiden Exemplare, die Gregorio Lopez von dieser Art fand und anhand derer sie 1920 von Edward Harrison Taylor (1889–1978) beschrieben und *Heosemys leytensis* genannt wurde, glaubte man lange Zeit, dass diese Art nur auf der philippinischen Insel Leyte vorkommt. Trotz intensiver Suche blieb sie hier jedoch unauffindbar. Einheimische erinnerten sich nicht daran, jemals ein solches Tier gesehen zu haben. Offenbar lag der korrekte Fundort also ganz woanders, nämlich auf Palawan, wo die Art heute noch vorkommt und wo sie 2004 praktisch wiederentdeckt wurde – durch einen Zufall, als die Forscher einige Exemplare im Freigehege eines Restaurants entdeckten. Leider löste die Veröffentlichung dieser sensationellen Entdeckung eine Begehrlichkeit ungeahnten Ausmaßes nach dieser Art aus, und sie fand sich rasch im weltweiten illegalen Wildtierhandel wieder.

2018 konnte diese schwer zu haltende Schildkröte erstmals in der Katala Foundation Incorporated nachgezüchtet werden. Ein Meilenstein zur Erhaltung einer der 25 seltensten und bedrohtesten Schildkrötenarten der Welt. Mehrere Jahre brauchte es, die Tiere kennenzulernen und ihre Bedürfnisse zu studieren. Nahrungsgewohnheiten, Habitatansprüche und Klimavorlieben sind nur wenige der wichtigen Parameter, deren Beantwortung dazu beitragen, dass sich eine Art erfolgreich fortpflanzt.

Der illegale Handel ist die größte Bedrohung für diese Art. Dabei gerät sie in Stress, wenn sie in ungeeigneten Gehegen gehalten wird. Trotz gesetzlichem Schutz existiert ein illegaler Markt, der lukrativ genug scheint. Daher bildet die seit 1998 auf den Philippinen im Natur- und Artenschutz tätige Katala Foundation Incorporated ehemalige Schmuggler zu Rangern aus, die die wertvollen Tiere vor dieser Bedrohung bewahren.

Art, Familie *Siebenrockiella leytensis*, Altwelt-Sumpfschildkröten (Geoemydidae) | Vorkommen Philippinen (Nord-Palawan, Dumaran) | Habitat Bäche, Flüsse, Sümpfe in unberührten Tieflandregenwäldern und Sumpfwäldern, bis 300 Meter Höhe | Größe Männchen bis 30 Zentimeter Panzerlänge (bis 3,5 Kilogramm), Weibchen bis 25 Zentimeter Panzerlänge (bis 1,4 Kilogramm) | Nahrung Früchte, Grünpflanzen, Wasserinsekten, Schnecken (Krebstiere und Fische nur tot) | Bedrohungsstatus nach Roter Liste kritisch von Ausrottung bedroht, Bestand abnehmend | Merke Erwachsene Tiere verlassen das Wasser zur Eiablage und tagsüber, um in geschützten Bauten den Tag zu verbringen, Jungtiere und Halbwüchsige hingegen bleiben lieber untergetaucht!

81_Raue Grasnatter

Die grüne Insektenfalle

Diese sehr zierliche Schlange hält sich hauptsächlich in Sträuchern und niedrigen Bäumen auf. Manchmal durchstreift sie hohes Gras, aber nur selten ist sie auf dem Waldboden anzutreffen. Wenn es kalt wird, verlässt sie ihren Hochsitz und zieht sich zur Winterruhe unter Laubhaufen, in Baumstämme oder in lockere Erde zurück.

Durch ihre grüne Färbung, schlanke Gestalt und den schmalen Kopf, der sich kaum vom Körper absetzt, ist sie hervorragend im Geäst getarnt. Gerne bewohnt die tagaktive, auf Insektenfang spezialisierte Natter Pflanzen an Gewässern. In Ufernähe findet sie viel Nahrung, wie Mücken und andere Insekten, die sich hier fortpflanzen. Ruhig lauernd liegt sie im Geäst und fängt dann ihre Beute geschickt aus der Luft. Jedes Insekt, das sich im Umkreis von 30 Zentimetern annähert, nimmt die Grasnatter wahr. Mit Hilfe der Zunge werden Duftstoffe aus der Luft aufgenommen, die jedes Tier abgibt. Weitertransportiert an den Gaumen, wird durch die Chemorezeptoren im dort liegenden Jacobson-Organ analysiert, ob es ein Insekt ist und sich der Zugriff lohnt. Um ihre Fangquote zu optimieren, hat die Grasnatter zudem ein sehr gutes Seevermögen. Satte 98 Prozent ihrer Nahrung besteht aus Gliederfüßern. Diese Schlangenarten wurden so zu interessanten Heimtieren, welche sich mit wenig Aufwand ernähren lassen.

Nur wenige Schlangen ernähren sich hauptsächlich von Insekten. Die Raue Grasnatter und ihre Verwandte, die Glatte Grasnatter (*Opheodrys vernalis*), sind die bekanntesten unter den Insektenliebhabern. Die Yucatán-Weißlippen-Schlange (*Symphimus mayae*) und die Mexikanische Weißlippen-Schlange (*Symphimus leucostomus*) lieben ebenfalls Insekten, ebenso wie die Wiesenotter (*Vipera ursinii*), die aber auch andere Nahrung nicht verschmäht. Die Kopfbinden-Zwergnatter (*Eirenis modestus*) stellt besonders gerne Käfern nach. Die Kletternde Nachtschlange (*Pseudablabes agassizii*) ist sogar auf Spinnentiere spezialisiert, sie machen 70 Prozent ihrer Nahrung aus.

Art, Familie *Opheodrys aestivus*, Nattern (Colubridae) | Vorkommen USA (von Oklahoma über Missouri bis Philadelphia, bis an die Küsten des Golfs von Mexiko in Florida, Louisiana, Texas), Norden Mexikos | Habitat Wald, Gras- und Buschland, Savanne, dichte Vegetation in der Nähe von Gewässern | Größe 56–81 Zentimeter, maximal 116 Zentimeter Gesamtlänge | Nahrung Insekten, Spinnentiere, Schnecken, Frösche | Bedrohungsstatus nach Roter Liste nicht gefährdet, Population stabil | Merke Diese Grasnatter kann in sehr dichten Populationen vorkommen. Rund 800 Tiere können sich auf einem Hektar tummeln.

82 Riesengürtelschweif

Tolkins wahrer Drache

Der größte unter den Gürtelschweifen ist eine imposante Erscheinung, mit all den Stacheln, dem dicken Schwanz und dem aufrechten Blick wirkt er wie ein Miniaturdrache. Sicherlich hat diese Optik die Wissenschaftler dazu verführt, ihn und acht weitere Arten der ehemaligen Gattung der Gürtelschweife (*Cordylus*) zu *Smaug* umzubenennen. Für alle, die sich in Mittelerde nicht auskennen: Hier lebte ein Drache, Smaug der Goldene, letzter der großen Drachen, der dem Hobbit Bilbo Beutlin Paroli bot. Die Wissenschaftler fanden, dass es eine gewisse Ähnlichkeit gibt, da sich laut Tolkien der Name Smaug von dem altdeutschen Verb »smeugen« ableite, was so viel bedeute wie »sich durch ein Loch quetschen«. Wie die Typusart der neuen Gattung *Smaug giganteus* lebte auch der gut gepanzerte Drache Smaug unter der Erde. Zudem wurde John Ronald Reuel Tolkien 1892 selbst in der Provinz Freistaat, Südafrika geboren, dem Kernverbreitungsgebiet des Riesengürtelschweifs. Die Umbenennung, genauer gesagt Neusortierung der Familie der Gürtelschweife hatte natürlich einen triftigen Grund. Genetische Analysen in Kombination mit morphologischen Merkmalen und den jeweiligen Verbreitungsgebieten veranlassten die Wissenschaftler dazu, die Familie in zehn teils neue Gattungen einzuteilen.

Smaug giganteus ist ein Lebensraumspezialist und bewohnt mit Vorliebe *Themeda*-Graslandschaften. Hier gräbt er sich einen unterirdischen Bau von 1,5 bis 2,5 Meter Länge in einer Tiefe von 0,5 Meter. Bei zu großer Hitze, in der Nacht, im Winter und bei Gefahr zieht er sich hierhin zurück. Da die Tiere nicht sehr schnell laufen können, halten sie sich zur Sicherheit in der Nähe ihres schützenden Baus auf. Nach seiner besonderen Art der Thermoregulation, bei der er sich vor seinem Bau mit ausgestreckten Vorderbeinen, den Kopf erhoben in den Himmel schauend, sonnt, wird der Riesengürtelschweif auch englisch »Sungazer« genannt.

Art, Familie *Smaug giganteus*, Gürtelechsen (Cordylidae) | **Vorkommen** Südafrika (Provinzen Freistaat und Mpumalanga) | **Habitat** Grasland, in 1.400 – 1.800 Meter Höhe | **Größe** 35 – 40 Zentimeter Gesamtlänge | **Nahrung** Insekten | **Bedrohungsstatus** nach Roter Liste gefährdet, Population abnehmend | **Merke** In Afrikaans heißt diese Echse »Ouvolk«, was auch für Rentner, die den ganzen Tag faulenzend in der Sonne liegen, verwendet wird.

83_Riesenplattschwanzgecko

Große Meister der Tarnung

Alle 21 Arten der Gattung *Uroplatus*, also die Blattschwanz- oder Plattschwanzgeckos, sind eine Sensation! Sie sind wahre Meister der Tarnung, man muss schon genau hinschauen, um die Tiere von ihrem Untergrund, dem Ast, der Borke oder dem Blatt, auf dem sie sitzen, zu unterscheiden. Der englische Name »Leaf-tail gecko« beschreibt treffend die Schwanzform einiger Arten, die sehr flach ausfällt und wie ein Blatt geformt ist. Die beiden Arten *Uroplatus giganteus* und *Uroplatus fimbriatus* sehen sich zum Verwechseln ähnlich und gehören beide zu den größten Arten der Gattung und damit zu den zweitgrößten Geckos der Welt. Unterscheiden kann man sie zum Beispiel an ihrer Augenfarbe. So ist die Iris von *Uroplatus giganteus* weiß mit undeutlichen braunen Linien, die Iris der anderen Art hingegen gelb mit klaren rotbraunen Linien. Es lohnt sich also, den Tieren in die Augen zu schauen – wenn man sie denn gefunden hat! Da die baumbewohnenden Geckos schon durch ihre Form und Optik förmlich mit ihrem Untergrund verschmelzen, ist das nicht so leicht. Außerdem können sie je nach Stimmung, Temperatur oder zur Tarnung ihre Körperoberfläche heller oder dunkler erscheinen lassen. Dies gelingt ihnen durch die Verlagerung von Hautfarbstoffen. Die senkrechte, schlitzförmige Pupille verrät die Nachtaktivität dieser Geckos.

Tagsüber schlafen die Tiere meist mit dem Kopf Richtung Boden auf ihrem Baum, dicht an einen dicken Ast oder den Stamm geschmiegt, und vertrauen auf ihre Tarnung. In der Regel sind die Geckos Einzelgänger und finden nur zur Paarung zusammen. Das Weibchen legt zwei Eier in eine Blattachsel oder gut versteckt in Baumhöhlen ab.

Alle Arten der Plattschwanzgeckos leben endemisch auf Madagaskar und den vorgelagerten Inseln. Wie alle anderen baumbewohnenden Arten werden sie stark durch die massive Abholzung der Wälder für die Produktion von Kohle aus den Bäumen bedroht.

Art, Familie *Uroplatus giganteus*, Geckos (Gekkonidae) | **Vorkommen** Nord- und Nordwestmadagaskar | **Habitat** Regenwald, in 750 – 900 Meter Höhe | **Größe** bis 32,2 Zentimeter Gesamtlänge | **Nahrung** Insekten und deren Larven, Spinnentiere | **Bedrohungsstatus** nach Roter Liste gefährdet, Population abnehmend | **Merke** Auch geübte Augen haben Mühe, diese Meister der Tarnung zu entdecken.

84 Ringelnatter

Anpassungsfähiger Goldfischjäger

Die Ringelnatter ist wohl die Schlangenart, die in ganz Deutschland für die meisten Feuerwehr- oder Polizeieinsätze sorgt. Dabei ist sie völlig ungiftig und ungefährlich. Aber sie wird immer wieder mit exotischen Schlangenarten verwechselt. Grundsätzlich muss man sich klarmachen, dass wir Menschen in den Lebensraum der Ringelnatter eingedrungen sind und diese vertrieben haben und nicht umgekehrt. Für ein intaktes Biotop ist auch die Schlange ein wichtiges Bindeglied. Das unverwechselbare Erkennungsmerkmal der Ringelnatter sind die beiden halbmondförmigen gelben oder weißen Nackenflecken. Verwechslungen mit anderen Arten sind fast ausgeschlossen, wenn man sich dies merkt.

Anzutreffen ist sie in fast allen Teilen Mittel- und Osteuropas in fünf Unterarten. Sogar in einigen Teilen Asiens wurden Vorkommen nachgewiesen. Ihr Lebensraum ist vielfältig, allerdings muss immer ein Gewässer in der Nähe sein. Die Ringelnatter ist in Deutschland so anpassungsfähig, dass sie sogar Biotope wie naturnah gestaltete Gärten mit künstlichen Teichen erobert. Hier kann sie besonders im Frühjahr oder im Spätherbst beim Sonnenbaden beobachtet werden. Mit sehr viel Glück erwischt man die Ringelnatter auch bei der Jagd nach jungen Goldfischen, denn auf ihrem Speiseplan steht Fisch neben Amphibien ganz oben.

Versucht man, diese friedfertige Schlange zu ergreifen, kann man eine Überraschung erleben. Sollten lautes Zischen oder Schnappen nach der Hand erfolglos bleiben, kann die Ringelnatter über ihre Stinkdrüsen in der Kloakenregion ein übel riechendes Sekret abgeben. Bringt auch dies keinen Erfolg, ist die Natter in der Lage, sich glaubhaft tot zu stellen. Der Körper wird verdreht, das Maul aufgerissen und die Zunge herausgehängt. Kurz darauf erschlafft der Körper. Eine bühnenreife Darbietung, die ihre Wirkung oft nicht verfehlt. Ist die Gefahr vorüber, kehrt das Leben zurück, und die Schlange verschwindet geräuschlos im nächsten Gewässer. Und tschüss!

Art, Familie *Natrix natrix*, Nattern (Colubridae) | **Vorkommen** Europa, Asien | **Habitat** offene und halb offene Lebensräume in Gewässernähe, bis 3.060 Meter Höhe | **Größe** 80 – 150 Zentimeter Gesamtlänge, Weibchen länger als Männchen | **Nahrung** Amphibien, Fische, Wirbellose | **Bedrohungsstatus** nach Roter Liste nicht gefährdet; in Deutschland nach dem Bundesnaturschutzgesetz besonders geschützte Art | **Merke** Ein ungefährlicher Stinker, dem wir auch im Garten begegnen können.

85_Rote Königsnatter

Täuschen, Tarnen und Verschwinden

Die Königsnatter ist in vielerlei Hinsicht etwas Besonderes. Diese Schlange hat gleich mehrere Trivialnamen. Neben Rote Königsnatter ist sie auch unter Dreiecksnatter und Milchschlange bekannt. Die Bezeichnung Milchschlange wurde von amerikanischen Farmern geprägt. Wenn ihre Kühe mal wieder weniger Milch gaben und sie zufällig im Stall eine Königsnatter fanden, war klar, wer für die Misere verantwortlich war. Doch diese Sichtweise gehört in das Land der Sagen und Fabeln. Es hat die Farmer aber nicht gestört, dass sich Königsnattern in ihren Scheunen und Ställen aufhielten, da sie Mäuse und gelegentlich auch andere Schlangen verspeisten.

Aktuell sind 25 Unterarten der Roten Königsnatter bekannt. Dies erklärt sich durch ihr sehr großes und abwechslungsreiches Verbreitungsgebiet. Sie unterscheiden sich nicht nur durch ihre diversen Gesamtlängen, sondern auch durch Anordnung, Breite und Farbintensität der Querbinden. Die meisten Exemplare haben weiße, gelbe, rote oder schwarze Binden, gelegentlich gibt es auch vollständig schwarze Tiere.

Da diese Natter ungiftig ist und die meisten Arten nicht allzu groß sind, kann sie Fressfeinde kaum abwehren. Deshalb bedient sich diese Art zweier Tricks. Werden die Königsnattern bedroht, beginnen sie, mit ihrem Schwanzende zu vibrieren. Besonders eindrucksvoll wird das Geräusch im trockenen Laub. Das so erzeugte Geräusch erinnert sofort an das Rasseln der Klapperschlange. Zusätzlich täuschen sie Fressfeinde durch ihr Aussehen. Die Körperfärbung ahmt die Farbe und Zeichnung der giftigen Korallenotter (*Micrurus*-Arten) nach, die im selben Lebensraum vorkommen. Unterscheiden lassen sich die beiden Arten nur an der Reihenfolge der Querbinden. Bei der Königsnatter folgt auf Rot eine schwarze Querbinde, und bei der gefährlichen Art folgt auf Rot Weiß. Diese besondere Anpassung wird Mimikry genannt und hat sich im Tierreich als eine erfolgsversprechende Überlebensstrategie bewährt.

Art, Familie *Lampropeltis triangulum*, Nattern (Colubridae) | Vorkommen Kanada (Ontario, Québec), Vereinigte Staaten (North Carolina, Alabama, Arkansas, Georgia, Louisiana, Maine, Michigan, Minnesota, Mississippi) | Habitat feuchte Wälder in Küstennähe, bis 2.740 Meter Höhe | Größe maximal 150 Zentimeter Gesamtlänge | Nahrung kleine Nagetiere, Echsen, gelegentlich Schlangen | Bedrohungsstatus nach Roter Liste nicht gefährdet, Population stabil | Merke Gibt gerne vor, jemand anderes zu sein.

86 Rotwangen-Schmuckschildkröte

Invasive Art auf dem Vormarsch

Wie konnte es nur dazu kommen? Einst beliebtes Heimtier, heute lästige Bedrohung in heimischen Gewässern. Zu Tausenden bevölkert diese Schildkröte die Auffangstationen und Tierheime Europas – ohne etwas dafür zu können. Als Fünf-Mark-Stück große Tierc millionenfach in den USA gehandelt und seit Ende der 1980er Jahre als Heimtiere exportiert, stehen sie nun in Europa auf der Liste der invasiven Arten. Seit 1997 ist der Import in die Europäische Union verboten. Nachzuchten gibt es jedoch genug. Doch damit soll nun auch Schluss sein! Kommerzieller Handel und Zucht sind verboten und ihre Haltung nur unter Auflagen geduldet.

Es gibt noch zwei weitere Unterarten, die Gelbwangen- und die Cumberland-Schmuckschildkröte. In ihrer reinen Form sind sie anhand der Wangenzeichnung zu unterscheiden, bei Mischlingen (Hybriden) wird es schwierig. Hybriden können sie auch mit anderen Schmuckschildkröten-Arten zeugen. So gibt es ein großes Schmuckschildkröten-Potpourri.

Ihre Anpassungsfähigkeit und omnivore Ernährungsweise macht sie flexibel, sie fühlt sich fast weltweit in vielen Süßwasserbiotopen wohl. Ob sie sich hier auch fortpflanzen kann, hängt von den klimatischen Bedingungen im Winter ab. Diese Tiere gefährden unsere heimische Natur, indem sie bedrohte Amphibien und Insekten verspeisen, sich über Fischbrut hermachen und der selten gewordenen Europäischen Sumpfschildkröte den Lebensraum streitig machen. Auch deshalb ist es streng verboten, lästig gewordene Schmuckschildkröten in der Natur oder in Parks auszusetzen. Da die Tiere sehr groß werden und einen entsprechenden Platzbedarf haben, ist die Haltung aufwendig. Die Schmuckschildkröte ist zu Recht einer der Bad Guys unter den invasiven Arten. Ach, wäre sie doch in Nordamerika geblieben.

Art, Familie *Trachemys scripta elegans*, Neuwelt-Sumpfschildkröten (Emydidae) | **Vorkommen** Mexiko, Nordamerika (Alabama, Arkansas, Florida, Georgia, Illinois, Indiana, Iowa, Kansas, Kentucky, Louisiana, Mississippi, Missouri, Nebraska, östliches New Mexico, Ohio, Oklahoma, Tennessee, Texas, West Virginia und zusätzlich in zahlreiche Bundesstaaten der USA eingeführt), in mindestens 84 weitere Länder weltweit eingeführt | **Habitat** flache Süßgewässer mit mäßiger Strömung und weichem Grund, Sümpfe, Flüsse, Bäche mit viel Vegetation und Sonneneinstrahlung | **Größe** Männchen bis 26,1 Zentimeter, Weibchen bis 32,8 Zentimeter Panzerlänge | **Nahrung** Allesfresser (omnivor): diverse Pflanzen, Fische, Amphibien, Wirbellose diverser Arten, ihre Larven | **Bedrohungsstatus** nach Roter Liste nicht gefährdet, Population stabil | **Merke** Die Tiere können bis zu 40 Jahre alt werden! Drum prüfe, wer sich lange bindet, ob sich nicht ein anderes Haustier findet!

87_Salomonen-Wickelschwanzskink

Der größte Skink der Welt

Er mag plump wirken, doch der Schein trügt! Der größte Skink der Welt bewegt sich trotz seiner Größe und pummeligen Gestalt behände im Geäst, an Baumstämmen und sogar an steilen Felswänden entlang. Seinen beweglichen, kräftigen Greifschwanz, der sogar länger ist als sein Körper, setzt er dabei geschickt ein und klettert in den Baumkronen des Waldes von Ast zu Ast. Die Tiere suchen sich einen Baum oder eine Einheit von Bäumen aus, die sie als Gruppe bewohnen und gegen Fremde verteidigen. Allerdings sind sie nachtaktiv, sodass neugierige Augen sie tagsüber kaum zu Gesicht bekommen.

Am Tage verbergen sie sich in Baumhöhlen oder zwischen den großen Luftwurzeln der Würgefeigen *Ficus*, die sie gerne bewohnen. Auch zwischen Epiphyten, den Aufsitzerpflanzen, die auf den Baumriesen leben, finden die großen Echsen Deckung. Der große Skink ist lebendgebärend, und das Weibchen bringt nach sechs bis sieben Monaten Tragzeit ein fertig entwickeltes Junges zur Welt, seltener sind Zwillinge.

Die Inseln des Salomonen-Archipels sind geografisch etwas Besonderes, da sie keine Verbindung zum Festland hatten, sondern aus dem Meer durch Kollision der Indischen und Pazifischen Platte entstanden. Die Entwicklung von Arten auf solchen Inseln ist daher etwas Einzigartiges und resultiert oft in Endemiten, die nur an diesem Ort in einmaliger Form entstanden. Von seinen nächsten Verwandten hat sich der Wickelschwanzskink vor mehr als 26 Millionen Jahren getrennt. Somit ist dieser Skink auf dem Salomonen-Archipel endemisch und lebt nur auf den nördlichen Inseln. Sein Lebensraum ist jedoch bedroht, da auch hier der Regenwald für verschiedene Bedürfnisse des Menschen abgeholzt wird. Traditionell wird der Wickelschwanzskink von der einheimischen Bevölkerung zudem als Nahrungsmittel genutzt.

Art, Familie *Corucia zebrata*, Skinke (Scincidae) | Vorkommen Salomonen-Inseln (Buka, Bougainville bis Makira), Papua-Neuguinea | Habitat Tieflandregenwald | Größe bis 80 Zentimeter Gesamtlänge | Nahrung Pflanzen: Blätter, Blüten, Früchte | Bedrohungsstatus nach Roter Liste potenziell gefährdet, Population abnehmend | Merke Es gibt zwei Unterarten: eine im Osten und Süden (*Corucia zebrata zebrata*), die andere im Westen und Norden (*Corucia zebrata alfredschmidti*).

88_Scheltopusik

Eidechse im Schlangengewand

Dass dieses schlangenähnliche Tier zu den Echsen zählt, wäre auf den ersten Blick nicht zu vermuten. Aber doch, der Scheltopusik ist eine Schleichenart und gehört somit zu den Echsen, wenngleich er nur stark reduzierte hintere Extremitäten hat. Und obwohl beinlos, ist er Europas größte Eidechse und der größte Vertreter der Schleichen.

Der Scheltopusik bewegt sich gekonnt schlängelnd am Boden voran, wo er ein sehr verborgenes Leben führt. Häufig wird das kuriose Tier nach Regenfällen aktiv. Der Scheltopusik wird auch Panzerschleiche genannt, da sich unter seinen großen Rückenschuppen Osteodermen befinden. Entlang seines Körpers verläuft beidseits eine Längskerbe bis zur Kloake, hier befinden sich keine Knochenplatten. Am Ende der Kerbe sind die nur noch winzig kleinen Reste der Hinterbeine zu entdecken.

Unter guten Bedingungen können 24 bis 75 Tiere pro Hektar im Habitat vorkommen. Zur Paarungszeit finden ritualisierte Kämpfe zwischen den Männchen statt. Diese Kämpfe bestehen aus verschiedenen Phasen. Beginnend mit der Annäherung und Abschätzung des Gegenübers, dann folgt der Angriff mit gegenseitigen Bissattacken, danach werden Körper und Schwanz umeinander verdreht, und zu guter Letzt wird der Kopf des Gegners vielleicht noch auf den Boden gedrückt. Der Sieger hat möglicherweise die Gunst des Weibchens errungen und darf sich mit ihr paaren. Das Weibchen baut aus Erde und Moos ein einfaches Nest und legt hierein sechs bis zehn längliche Eier, die es anschließend auch bewacht. Nach 30 bis 88 Tagen schlüpfen die jungen Schleichen.

Vom Scheltopusik gibt es drei Unterarten, *Pseudopus apodus apodus*, die bereits 1775 beschrieben wurde, sowie *Pseudopus apodus thracius* aus Bulgarien und Griechenland, beschrieben 1978, und jüngst 2021 die dritte Unterart *Pseudopus apodus levantinus* aus dem Süden der Türkei, Westsyrien, Nord- und Zentral-Iran.

Art, Familie *Pseudopus apodus*, Schleichen (Anguidae) | **Vorkommen** Afghanistan, Albanien, Armenien, Aserbaidschan, Bosnien und Herzegowina, Bulgarien, Georgien, Griechenland, Iran, Irak, Israel, Jordanien, Kasachstan, Kirgisistan, Kroatien, Libanon, Montenegro, Nordmazedonien, Russische Föderation, Syrien, Tadschikistan, Türkei, Turkmenistan, Ukraine, Usbekistan | **Habitat** Gras- und Buschlandschaft, Wald, bis 2.610 Meter Höhe | **Größe** bis 120 Zentimeter Gesamtlänge | **Nahrung** Insekten, Spinnentiere, Schnecken, Würmer, Kleinsäuger | **Bedrohungsstatus** nach Roter Liste nicht gefährdet, Population stabil | **Merke** Der russische Name bedeutet übersetzt »Gelbbauch«.

89 Schnappschildkröte

Schreckenverbreitendes Ungetüm mit Riesenmaul?

Wie kann eine Schildkröte nur zu so einem schlechten Ruf kommen? Ganz von allein hat sie das nicht geschafft, da hat der Mensch ordentlich nachgeholfen. Schildkröten sind als Haustiere in vielen Teilen der Welt beliebt, sie verheißen Glück und ein langes Leben. Zudem sind sie vermeintlich genügsam in der Pflege. Die Einfuhr von nicht heimischen Schildkröten ist weltweit angestiegen. Aufgrund ihrer im Alter zunehmenden Größe und langen Lebensdauer werden sie häufig in die Natur entlassen, sodass die Zahl der nicht heimischen Schildkröten bei uns stark angewachsen ist.

Aufgrund ihrer Größe ist die Schnappschildkröte nicht für jedermann als Haustier geeignet, und ihre bissige Art macht sie nicht gerade zum Schmusetier. Daher ist ihre Haltung seit 1999 durch die Bundesartenschutzverordnung in Deutschlang streng geregelt. In den Ländern, in denen sie als invasive Art gilt, ist sie ein Problem für heimische Arten, da sie als Allesfresserin nicht wählerisch ist.

Der wissenschaftliche Name verheißt schon beängstigende Kraft, denn *serpentina* entstammt wohl dem lateinischen Wort für Schlange *serpentes*. Der Biss des Tieres, vor allem eines ausgewachsenen Exemplars, ist sehr schmerzhaft. Bei einem Gewicht von fast vier Kilogramm wurde eine Beißkraft von rund 208 Newton gemessen, das sind mehr als 21 Kilogramm Kraft. Der Panzer der Wasserschildkröten ist erheblich reduziert, um Gewicht zu sparen, und bietet dem Körper nicht viel Schutz. Die Tiere sind daher sehr aggressiv und versuchen sich mit Hilfe ihres mächtigen Kiefers zu wehren.

Die Schnappschildkröte sitzt regungslos im Schlamm ihres Gewässers verborgen und lauert auf Beute. Schwimmt diese vorbei, schnappt sie blitzschnell zu und hält mit ihrem kräftigen Kiefer ihren Fang fest. Der sehr bewegliche und lange Hals kann auch Objekte neben dem Körper gut erreichen.

Art, Familie *Chelydra serpentina*, Alligatorschildkröten (Chelydridae) | Vorkommen Nordamerika (Südkanada, USA östlich der Rocky Mountains bis Florida und Texas), eingeführt in weiteren Teilen der USA (Arizona, Kalifornien, Nevada, Oregon) sowie China, Japan (Honshu), Taiwan | Habitat Süßwasserflüsse, Sümpfe, Tümpel, Seen, jeweils gerne schlammiger Grund | Größe Männchen bis 50,3 Zentimeter, Weibchen bis 39 Zentimeter Panzerlänge | Nahrung Allesfresser, verspeist zahlreiche tierische und pflanzliche Kost, bis hin zu Aas | Bedrohungsstatus nach Roter Liste nicht gefährdet, Population stabil | Merke Aufgrund ihres schmackhaften Fleisches werden Hunderttausende Tiere aus den USA nach Asien exportiert, zumal die asiatischen Schildkröten nicht mehr in der Anzahl zur Verfügung stehen wie früher.

90 Schwarzer Kaiman

Black is beautiful

Allein steht er da, der Schwarze Kaiman oder Mohrenkaiman, wie er eigentlich heißt – ist aber kein schöner Name, oder? Als einziger Vertreter seiner Gattung sieht er mit dunklem Körper und oft hellem Kopf schon ungewöhnlich aus. Dann hat er auch noch eine breite Schnauze, ganz ähnlich dem Mississippi-Alligator. Von ihm kann man den Kaiman aber anhand der Form und Anzahl der sogenannten Hinterhaupthöcker unterscheiden: der Alligator hat diese in nur zwei bis drei, der Kaiman in vier bis fünf Querreihen – ganz einfach! Der Schwarze Kaiman ist mit bestenfalls sechs Metern das größte neotropische Raubtier und der größte Vertreter der Alligatorenfamilie.

Wie alle Alligatoren bauen auch Schwarze Kaimane ein Hügelnest, in das durchschnittlich 39 Eier gelegt werden. Die Eier dieser Art sind mit etwa 143,6 Gramm vergleichsweise groß. Die Weibchen bewachen und verteidigen ihr Nest. Bei allen Krokodilen hat die Temperatur während der Entwicklung der Eier einen Einfluss auf das Geschlecht der Jungen. Bei 30 bis 31,5 Grad Celsius entwickeln sich Weibchen und oberhalb von 31,5 Grad bis etwa 33 Grad Celsius Männchen. Es besteht die Möglichkeit, dass bei Temperaturen über 33 Grad Celsius wieder Weibchen schlüpfen. Zu hohe Temperaturen sind jedoch schädlich. Weitere Forschung ist hier auch für die Arterhaltung wichtig.

Aufgrund seines hochwertigen Leders wurde auch auf den Schwarzen Kaiman jahrzehntelang Jagd gemacht und sein Bestand empfindlich dezimiert. Besonders Schuhe, Gürtel und Geldbörsen waren die Luxus-Endprodukte. Als die Nachfrage nach Häuten nachließ, erholten sich zunächst die Bestände. Alsbald wurde aber aufgrund ihres Fleisches die Jagd auf die Tiere wiedereröffnet. Aktuell müssen Untersuchungen durchgeführt werden, um zu zeigen, wie sich die Populationen entwickelt haben und wo Projekte zum Schutz und Management dieser Tiere ansetzen sollten.

Art, Familie *Melanosuchus niger*, Alligatoren (Alligatoridae) | **Vorkommen** Brasilien (Amazonas, Pará), Kolumbien, Ecuador, Französisch-Guayana, Guyana, Peru | **Habitat** Gewässer und Ufer im Amazonasbecken, Seen, große Flüsse (Rupununi, oberer Essequibo, unterer Oiapoque), gerne in Überflutungsgebieten der Savanne | **Größe** Männchen durchschnittlich 360 Zentimeter, maximal bis 600 Zentimeter, Weibchen durchschnittlich 280 Zentimeter Gesamtlänge | **Nahrung** Säugetiere, Vögel, Reptilien, Amphibien, Fisch, Wirbellose und Weichtiere aller Art, also alles, was zu überwältigen ist | **Bedrohungsstatus** nach Roter Liste unklarer Status, zuletzt bedroht, Population unklar | **Merke** Bis zu 48 Stundenkilometer ist im Wasser die Spitzengeschwindigkeit des Schwarzen Kaimans.

91 Seychellen-Tigerchamäleon

Das Chamäleon mit kleinem Ziegenbärtchen

Dieses schöne Chamäleon lebt ausschließlich auf drei Inseln der Seychellen und nirgendwo sonst auf der Welt, es ist hier endemisch. Dass eine Chamäleonart auf den Seychellen vorkommt, so weit draußen im Indischen Ozean, ist schon eine kleine Sensation. Sein nächster Verwandter, das Stummelschwanzchamäleon aus Tansania, ist 1.700 Kilometer weit entfernt und das nächste Festland immerhin noch 1.200 Kilometer. Die mussten die Ur-Seychellen-Tigerchamäleons auf Treibholz oder was auch immer erst mal zurücklegen, um ihre neue Heimat zu erreichen. Respekt! Eine optische Besonderheit ist ein bis zu drei Millimeter langer Vorsprung am Kinn, der an ein kleines Ziegenbärtchen erinnert. Den tragen Weibchen wie Männchen, die sich wiederum darin unterscheiden, dass die Männchen ein helles Kinn haben.

Normalerweise bewohnt das Seychellen-Tigerchamäleon die Baumkronen der tropischen Wälder. Hier ist es allerdings immer seltener geworden. Auf den ersten Blick erscheint es seltsam, dass ausgerechnet eine Pflanze den Bestand dieses relativ kleinen Chamäleons bedroht. Der aus Sri Lanka stammende Ceylon-Zimtbaum (*Cinnamomum verum*) wurde auf den Seychellen angepflanzt, und während er sich extrem stark ausbreitet, verdrängt er vielfältige Pflanzengesellschaften vollständig. Durch sein sehr dichtes Blattwerk wirft er zudem viel Schatten. In diesen neu entstandenen armseligen Pflanzungen ist die Vielfalt an Insekten und deren Anzahl extrem verringert. Lediglich ein Prozent der natürlicherweise hier vorkommenden Insektenfauna ist verblieben. Davon kann das Tigerchamäleon nicht leben. Einseitige Diät – das ist ungesund!

Das Chamäleon ist auch in ländlichen Gärten, Parks und in Palmenbeständen anzutreffen. Besonders häufig sind Chamäleons noch in der Vegetation entlang von Flüssen und Bächen zu finden. Bis heute ist nur wenig über das Tigerchamäleon bekannt.

Art, Familie *Archaius tigris*, Chamäleons (Chamaeleonidae) | Vorkommen Seychelleninseln (Mahé, Silhouette, Praslin) | Habitat tropischer Wald, Buschland, bis 550 Meter Höhe | Größe 16,6–17,3 Zentimeter Gesamtlänge | Nahrung kleine Insekten (Fliegen, Ameisen) | Bedrohungsstatus nach Roter Liste stark gefährdet, Population unklar | Merke Besser nachdenken, BEVOR fremdländische Pflanzen eingebürgert werden!

92 Skorpion-Krustenechse

Giftige Echse der Azteken

Als eine der wenigen giftigen Echsen beflügelt die Krustenechse unsere Phantasie und kam so auch an den Artnamen *horridum*, die Schreckliche. Auch wenn dieses Tier plump, träge und behäbig wirkt, kann es sich rasch, immerhin 1,7 Kilometer pro Stunde, und behände bewegen sowie exzellent auf Bäume klettern. Der dicke Schwanz dient als Fettspeicher. Die Krustenechse weist die niedrigste Stoffwechselrate aller Echsen auf. Ihre runden Schuppen fallen besonders auf. Die zahlreichen kleinen Erhebungen der Haut sind eingebettete, perlenförmige Hautknochenplatten (Osteodermen). Die gesprenkelten gelben Flecken auf schwarzem Grund dienen der Tarnung. Die Tiere sind gerne in der Abenddämmerung und den frühen Morgenstunden unterwegs und verbergen sich zum Schutz vor Hitze und Feinden in Höhlen. Sie haben ein sehr gutes Gedächtnis und eine Karte aller umliegenden Höhlen und deren Bewohner im Kopf!

Den Tieren eilt unverdient ein schlechter Ruf voraus. Bei Störung wird zunächst mit weit geöffnetem Maul gedroht. Bissunfälle sind selten und Todesfälle Ausnahmeerscheinungen. Die Giftdrüsen befinden sich seitlich im Unterkiefer, und das Gift gelangt über eine Rinne in den Zähnen durch Kaubewegungen in die Bisswunde des Opfers. Aus einem Bestandteil des Giftes, dem Exendin, konnten bereits Produkte zur Behandlung von Typ-2-Diabetes hergestellt werden. Schon die indigenen Völker wussten diese Echse als Heilmittel zu schätzen.

Das Volk der Navajo glaubte, dass die Gila-Krustenechse (*Heloderma suspectum*) der erste Medizinmann war und in Bezug auf Krankheiten in die Zukunft sehen könne. Früh erkannten auch die europäischen Siedler, dass das Gift der Krustenechsen für die Medizin wertvoll sein könnte, und verschifften Hunderte von lebenden Tieren Ende des 19. Jahrhunderts nach Europa. Das Gift dient dem Tier nicht bei der Jagd nach Beute und ihrer Verdauung, sondern nur zur Verteidigung.

Art, Familie *Heloderma horridum*, Krustenechsen (Helodermatidae) | **Vorkommen** Mexiko | **Habitat** tropischer Tieflandwald, tropischer Trockenwald, bis 2.108 Meter Höhe | **Größe** 57–86 Zentimeter Gesamtlänge | **Nahrung** kleine Wirbeltiere, Reptilieneier, Vögel, deren Nestlinge und Eier, große Insekten | **Bedrohungsstatus** nach Roter Liste nicht gefährdet, Population abnehmend | **Merke** Die erste schriftliche Nennung erfolgte 1577 in Latein durch den Naturbeobachter Francisco Hernández, der diese Echse als *Acaltetepón* beziehungsweise die Aztekeneidechse bezeichnete.

93 Spaltenschildkröte

Flach wie ein Pfannkuchen

Diese Schildkröte ist innerhalb der Landschildkröten einzigartig in Form, Verhaltensweisen und Biologie. Ihr Panzer ist stark abgeflacht, sodass sie sich in flache Spalten schieben kann. Rücken- und Bauchpanzer sind teils weich und die Knochenplatten partiell nicht vollständig verwachsen, die Schuppen des Panzers sind dünn, und die Knochen sind durch dünne, flexible Knorpel verbunden – alles, um Beugung, Biegung und Kompression des Panzers zu erleichtern. Vermutlich wurde der Veränderungsprozess zu dieser extremen Panzerform durch einen intensiven Räuber- und Konkurrenzdruck vorangetrieben: Von der ursprünglichen, typischen Schildkrötenform als Ausgangsform wurde die Ur-Spaltenschildkröte wohl vermehrt in felsige Gebiete und später in Felsspalten getrieben, wo weniger Jäger und Konkurrenten waren.

Sie ist so in der Lage, nicht nur großen Raubtieren und Vögeln effektiv aus dem Weg zu gehen, sondern auch den kleinen und schlanken, wie Mangusten und Ginsterkatzen sowie diversen Reptilien. Felsspalten, in denen die Schildkröte mit dem Rückenpanzer Kontakt mit dem Stein hat, sind beliebt. Sie hat im hinteren Panzerbereich einen Höcker, den sie mit Hilfe der Hinterbeine, die sie in den Boden stemmt, gegen die Höhlendecke drückt und sich so in die Spalte klemmt. Wenn sie beim Einatmen Kopf und Gliedmaßen in den Panzer zurückzieht, dehnt sich der Körper im Bauchpanzer aus, und das Tier klemmt sich noch fester in die schützende Spalte.

Die Schildkröte kann sich flink umdrehen, sollte sie auf den Rücken gefallen sein. Dies ist ihr durch gelenkige Gliedmaßen und den besonders leichten Panzer möglich. Aufgrund der extremen Veränderungen sind große Mobilität, Beweglichkeit und Geschwindigkeit möglich. Das erhöht die Sicherheit, wenn das Tier die Spalte verlässt. Das schöne Strahlenmuster und die Farbgebung des Panzers bieten Tarnung zwischen den Steinen ihrer Heimat.

Art, Familie *Malacochersus tornieri*, Landschildkröten (Testudinidae) | Vorkommen Kenia, Tansania, Sambia (Grenze zu Tansania im nördlichen Nakonde-Distrikt) | Habitat Dornbuschsavanne, bis 1.800 Meter Höhe | Größe 15–17,8 Zentimeter Panzerlänge, Weibchen etwas größer als Männchen | Nahrung Pflanzen | Bedrohungsstatus nach Roter Liste kritisch von Ausrottung bedroht, Population abnehmend | Merke Ihre Vorkommen sind in Ostafrika weit verbreitet, aber auch weit voneinander entfernt.

94 Standings Taggecko

Die Großen von Madagaskar

Die über 50 beschriebenen Taggecko-Arten von Madagaskar, den Komoren, Seychellen und den Inseln der Maskarenen müssen jene, die sich mit ihnen beschäftigen, einfach verzaubern. Diese Geckos sind oft auffällig gefärbt und scheinen ständig zu lächeln. Zudem macht ihre Verhaltensweise sie interessant. Ihre großen, runden Augen beobachten aufmerksam die Umgebung.

Standings Taggecko wurde nach Dr. H. F. Standing, einem Freund der Erstbeschreiber, benannt. Dieser Gecko wird passend auch Querstreifen-Taggecko genannt. Und wie der Name und ein Blick in die schönen Augen mit runder Pupille verraten, sind diese Tiere tagaktiv. Standings Taggecko gehört zu den größten seiner Gattung. Eine Art, der bekannte, leuchtend grüne Große Madagaskar Taggecko (*Phelsuma grandis*), ist mit 33 Zentimetern Gesamtlänge noch größer. Spannend ist bei Standings Taggecko jedoch, dass die Jungtiere ein völlig anderes Aussehen haben als die Erwachsenen. Wenn die jungen Geckos aus dem Ei schlüpfen, sind sie auf graubraunem Grund blau bis türkis quer geringelt, am Kopf sind die Ringel gelb. Diese Streifung verliert sich im Alter, und die Tiere werden manchmal relativ eintönig graublau mit blasser Querstreifung. Der Kopf bleibt grüngelb und der Schwanz bläulich. Allerdings variiert die Farbintensität je nach Stimmung der Tiere.

Die verschiedenen Taggeckoarten auf Madagaskar bewohnen hier unterschiedliche Biotope. Standings Taggecko wird auch Dornwaldgecko genannt, da er offenbar die trockene Dornwald-Region Südwestmadagaskars bevorzugt und hier besonders die großen Solitärbäume Akazie und Tamarinde als Habitat auswählt. Er hält sich aber auch mit Vorliebe in den berühmten Affenbrotbäumen auf, von denen er sich drei Arten ausgesucht hat, die er gezielt aufsucht. Diese massiven Bäume bieten viele Verstecke, und ihre Früchte ziehen Insekten an, beides bedeutet viel Beute für den Gecko und sorgt für ein abwechslungsreiches Nahrungsangebot.

Art, Familie *Phelsuma standingi*, Geckos (Gekkonidae) | **Vorkommen** Südwest-Madagaskar | **Habitat** Regenwald, Plantage | **Größe** 20–28 Zentimeter Gesamtlänge | **Nahrung** kleine Insekten, deren Larven, Spinnentiere, Nektar, Früchte, Fruchtsaft, Pollen | **Bedrohungsstatus** nach Roter Liste gefährdet, Population unklar | **Merke** Jungtiere müssen nicht immer aussehen wie ihre Eltern!

95_Stirnlappenbasilisk

Sprinter auf dem Wasser

Diese schöne Echse bewohnt bevorzugt Tieflandregenwälder, wo sie sich auf Bäumen aufhält. Männchen und Weibchen sind optisch gut zu unterscheiden, da die Männchen sich mit den namensgebenden Stirnlappen am Kopf schmücken. Über den Rücken verläuft zudem ein auffälliger Kamm. Weibchen tragen diesen Schmuck nicht. Die Zehen der hinteren Extremitäten sind erheblich länger als die der vorderen.

Gerne lebt diese Echse in Nachbarschaft eines Gewässers, denn hier ruht sie tagsüber über dem Wasser auf einem Ast liegend. Das Gewässer bietet dem Stirnlappenbasilisk Schutz, da er in der Lage ist, blitzschnell über dessen Oberfläche zu entkommen. Das Tier startet los, richtet sich auf und läuft auf den Hinterbeinen über das Wasser davon. Dabei werden die Zehen weit gespreizt. Die Arme unterstützen jeweils mit Vor- und Rückwärtsbewegungen die Beinaktionen. Bei Tieren unter 20 Gramm Körpergewicht kommt es sogar zu Flugphasen im Lauf, bei denen die Füße kurz das Wasser nicht berühren. Der Lauf startet, indem die Echse den Fuß flach auf die Wasseroberfläche klatschen lässt, das gibt Auftrieb und Schub nach vorne. Dann wird der Fuß durch das Wasser gezogen und sorgt für einen zweiten Schub. Zu guter Letzt zieht die Echse das Bein rasch aus dem Wasser. Wird dies in schneller Abfolge wiederholt, sorgt die Echse durch Impulsübertragung sowohl für den Vorwärtsschub als auch für den nötigen Auftrieb, um nicht ins Wasser zu fallen.

Die Fähigkeit, über das Wasser zu laufen, hängt auch vom Gewicht der Tiere ab. Jungtieren liegt dies eher als Erwachsenen. Wiegen die Tiere mehr als 200 Gramm, ist es mit dem Wassertreten vorbei. Aber fällt die Echse ins Wasser, ist das kein Problem, denn sie kann behände schwimmen. Nach dem Vorbild des Stirnlappenbasilisken wurde bereits ein Roboter gebaut, der ebenfalls übers Wasser laufen kann – oder es zumindest versucht.

Art, Familie *Basiliscus plumifrons*, Corytophanidae | **Vorkommen** Honduras, Panama, Costa Rica, Nicaragua | **Habitat** Wald, Feuchtgebiete mit Baumbestand, bis in Höhen von 775 Meter | **Größe** 60–75 Zentimeter Gesamtlänge | **Nahrung** Insekten, Frösche, kleine Reptilien, Schnecken, Fische, Blüten, Früchte | **Bedrohungsstatus** nach Roter Liste nicht gefährdet, Population stabil | **Merke** Auf Wasser zu laufen bedarf lediglich der richtigen Technik!

96 Strahlenschildkröte

Strahlende Schönheit Madagaskars

Diese wunderschön gezeichnete Schildkröte ist eine von vier Landschildkröten Madagaskars, die endemisch hier vorkommen. Ihrem Strahlenmuster verdankt sie sowohl ihren deutschen als auch den wissenschaftlichen Artnamen, denn *radiata* bedeutet »mit Strahlen versehen«. Im Alter verliert sich das kräftige individuelle Muster, aber keines gleicht dem anderen. Diese Art ist bestens an ihren trockenen, sandigen Lebensraum angepasst. Ihre Beine sind wie Stempel und geben dem Tier im Sand Halt. Die Färbung ihres Panzers und Körpers wäre eine gute Tarnung zwischen den dornigen und trockenen Pflanzen. Allerdings ist der heutige Jäger schnell und effizient – der Mensch!

Die größte Bedrohung für diese Art ist das Absammeln, also der Fang direkt aus der Natur - für den Heimtiermarkt und zu Zehntausenden als Nahrungsmittel. Sie wird zwar seit jeher zu Festtagen verzehrt, kam jedoch erst in den letzten Jahren in Mode und findet sich heute sogar in Bars als Snack. Der Verlust des Lebensraumes ist ein großes Problem, und invasive Pflanzen verändern das natürliche Habitat. In einer Schutzstation vor Ort werden Tiere gezüchtet und auch beschlagnahmte Exemplare aufgenommen und versorgt, um sie eines Tages wieder in die Natur zu bringen. Die lokale Bevölkerung wird in den Schutz der Schildkröten und deren Rehabilitationsprozess mit einbezogen, um sie für die Bedeutung der Tiere für die Natur zu sensibilisieren.

Das durchschnittliche Alter dieser Schildkrötenart wird auf rund 100 Jahre geschätzt. Allerdings gab es auch bereits ein bekanntes Exemplar namens Tu'i Malila, das der Geschichte nach von Captain James Cook persönlich an die Königsfamilie in Tonga übergeben worden sein soll und von etwa 1777 bis 1965 oder 1966 (verschiedene Angaben) im Garten des königlichen Palastes gelebt haben soll. Als das Tier am 19. Mai 1965/66 verstarb, hat es demnach mindestens 188 Jahre auf dem Panzer gehabt.

Art, Familie *Astrochelys radiata*, Landschildkröten (Testudinidae) | Vorkommen Südmadagaskar | Habitat Dornbuschsavanne, trockenes Grasland, Dornwälder, Küstenebene | Größe Männchen 28,5 – 39,5 Zentimeter, Weibchen 24,2 – 35,6 Zentimeter Panzerlänge, bis 22 Kilogramm (Tu'i Malila 41,27 Zentimeter Panzerlänge) | Nahrung Pflanzen, Gras | Bedrohungsstatus nach Roter Liste kritisch von Ausrottung bedroht, Bestand abnehmend | Merke Das nationale Gesetz schützt diese Art, sie genießt den höchsten internationalen Schutzstatus. Dennoch weist sie den schnellsten Populationsrückgang aller Schildkrötenarten auf.

97 Streifenköpfige Bartagame

Ein Drache für das Wohnzimmer?

Als in den 1970er Jahren die ersten Bartagamen nach Europa kamen, ahnte sicher niemand, dass diese freundlichen Minidrachen eines Tages das beliebteste Reptil in der Heimtierhaltung werden würden. Die widerstandsfähigen Tiere verzeihen zahlreiche Pflegefehler und wurden so zum Top-Heimtier. Abhängig von ihrem Herkunftsort in Australien sind sie grau, gelb oder rötlicher gefärbt – je nach vorherrschendem Sand oder Stein.

Bartagamen sind Sonnenanbeter und lieben Temperaturen um die 40 Grad Celsius. Je nach Temperatur verändern sie die Helligkeit ihrer Körperrückseite. Bei kühlen Temperaturen sind sie dunkler und bei warmen Temperaturen heller. Ist das Tier dunkler gefärbt, vor allem am Rücken, nimmt es mehr Sonnenstrahlen auf.

Die Streifenköpfige Bartagame kann sich mit zahlreichen Gesten und Signalen äußern und ihren Unmut, ihr Wohlbefinden oder ihre Paarungsbereitschaft zum Ausdruck bringen. In der Natur werden durch diese Signale direkte Konfrontationen vermieden. Erst in allerletzter Konsequenz kommt es zum Äußersten. Der »Bart« täuscht eine Gefährlichkeit vor, die es gar nicht gibt. Die angedeuteten Stacheln aus umgewandelten Schuppen sind biegsam und geben bei Berührung nach. Alles Täuschung, die aber geschickt eingesetzt wird! Eine männliche Bartagame verteidigt ihr Revier gegen andere Männchen. Eine schwarze Kehle, rasches Kopfwippen und eine aufrechte Haltung sind dominantes Verhalten, dazu kann noch die Kehle aufgebläht werden. Ein defensives Zeichen ist ein langsameres Nicken mit dem Kopf als Antwort, dass man verstanden hat. Winken mit den Armen zeigt ebenfalls Unterwürfigkeit. Im Kampf schlagen sie mit dem Schwanz, der bei Verlust bei Bartagamen nicht wieder nachwächst. Im Jahr 2014 konnten Forscher zeigen, dass Bartagamen durch Abgucken voneinander lernen und über kognitive Fähigkeiten verfügen, vergleichbar mit jenen von Säugetieren und Vögeln.

Art, Familie *Pogona vitticeps*, Agamen (Agamidae) | **Vorkommen** Zentralaustralien, östliche Hälfte Südaustralien, Südosten des Northern Territory | **Habitat** Wüste, Halbwüsten, Gras- und Buschland, Savanne | **Größe** bis 60 Zentimeter Gesamtlänge | **Nahrung** Insekten, vor allem Termiten, Spinnentiere, Pflanzen, im Alter mehr pflanzliche als tierische Nahrung | **Bedrohungsstatus** nach Roter Liste nicht gefährdet, Population unbekannt | **Merke** Die Familie der Agamen mit über 300 Arten lebt auf drei Kontinenten. Nur bei Bartagamen wurde eine Geschlechtsbestimmung durch die Temperatur festgestellt sowie eine genetische Geschlechtsbestimmung durch Geschlechtschromosomen.

98 Stumpfkrokodil

Kleines Krokodil aus Afrika

Das kleinste der Echten Krokodile ist ein Nachtschwärmer. Besonders aktiv sind die sehr dunklen Tiere im schummrigen Licht der Abenddämmerung und am frühen Morgen. Den deutschen Namen hat das Tier nicht zu Unrecht. Seine auffällig kurze und stumpfe Schnauze sorgt zudem mit den großen Augen für ein gewisses Kindchenschema.

Zahlreiche Schuppen des Stumpfkrokodils sind verknöchert. Außerdem sind die bei anderen Krokodilarten gut ausgeprägten Schwimmhäute beim »Stumpfi« kaum ausgebildet. Stumpfkrokodile halten sich viel an Land auf. Selbstverständlich können sie auch schwimmen, aber bei Weitem nicht so behände wie ihre Verwandtschaft. An Land baut das Weibchen ein Nest aus Blättern, Ästen und allem, was es im Wald findet und zusammenscharren kann. Das Nest kann über 60 Zentimeter hoch und 1,5 Meter breit sein. Die relativ kleinen Eier von lediglich 47 bis 63 Gramm werden schnell Beute von Eierdieben wie dem Nilwaran. Zur Paarung geben auch Stumpfkrokodile zahlreiche Geräusche von sich und lassen den Partner durch deutliche Körpersprache wissen, was erwartet wird. Krokodile haben je nach Art und bewohntem Habitat ganz eigene Rufe und Signale. Oft liegen sie entspannt mit offenem Maul da. Dieses komplexe Verhalten dient zum einen der Thermoregulation, zum anderen kann es die soziale Kommunikation unterstützen.

Jüngste Untersuchungen zum Körperbau und zur Genetik der Art ergaben, dass es eine weitere Stumpfkrokodilart gibt, das Osborns Stumpfkrokodil (*Osteolaemus osborni*) aus dem Kongobecken. Diese Art wurde bereits 1919 mit einem anderen Gattungsnamen beschrieben, später als Unterart des Stumpfkrokodils eingeordnet und wird seit 2017 als selbstständige Art angesehen. Ein steter Wandel in der Systematik ist nicht ungewöhnlich. Stets wird geforscht, Neues entdeckt, Altes verworfen oder überarbeitet – und verbessert unser Verständnis der Evolution.

Art, Familie *Osteolaemus tetraspis*, Echte Krokodile (Crocodylidae) | Vorkommen West- und Zentralafrika (Angola, Benin, Burkina Faso, Kamerun, Zentralafrikanische Republik, Kongo, Demokratische Republik Kongo, Elfenbeinküste, Gabun, Gambia, Ghana, Guinea, Guinea-Bissau, Liberia, Nigeria, Senegal, Sierra Leone, Togo) | Habitat tropische Regenwaldgebiete, langsam fließende Gewässer, Flüsse, Teiche | Größe Männchen 150–200 Zentimeter, Weibchen 100–150 Zentimeter Gesamtlänge | Nahrung Wirbellose aller Art (Insekten, Weichtiere, Krebse), auch Fische, Amphibien, kleine Säugetiere | Bedrohungsstatus nach Roter Liste gefährdet, Population unspezifisch | Merke Im Englischen wird es auch »Dwarf crocodile«, Zwergkrokodil, genannt.

99 Südliche Batagur-Schildkröte

Die königliche Flussschildkröte Angkor Wats

Der dunkel gefärbte Panzer dieser Schildkröte wirkt massig, ist stark gewölbt und glatt. Ihre großen Füße tragen Schwimmhäute und wirken wie Paddel. Der Schnabelrand, das sogenannte Tomium, ist stark gezackt. Paarungsbereite Männchen verändern ihr Aussehen. Ihre Augen mit der auffallend gelben bis cremefarbenen Iris, umgeben von einer orangen Hornhaut, stechen aus dem dunkel gefärbten Kopf gut hervor. Außerhalb der Paarungszeit haben die Männchen eine gelbe Iris mit blassgelber Hornhaut. Die Weibchen haben stets braun gefärbte Augen. Die auffällige große Nase ist leicht nach oben gebogen und kann bequem, fast unentdeckt, zum Atmen aus dem Wasser gestreckt werden.

Abbildungen dieser Flussschildkröte finden sich bereits an den Mauern der berühmten Tempelanlage in Angkor Wat in Kambodscha. Die Art bewohnt häufig von Gezeiten beeinflusste Flüsse und wandert hier weit stromaufwärts, um zum Nisten geeignete Sandbänke oder offene sandige Uferzonen zu finden. Die Nester, rund 50 Zentimeter tief, werden in der Nacht angelegt und sorgsam nach der Eiablage wieder zugeschaufelt. Um den Sand zu verdichten, lassen sich die Tiere mit ihrem Panzer auf das Nest fallen. Das Geräusch, das dabei erzeugt wird, ein »tun tun«, hat der Schildkröte den heimischen Namen »tuntung« eingebracht. Womöglich um Nesträuber zu verwirren, legt das Weibchen an anderer Stelle weitere Nestgruben an und schleudert dabei auch Sand auf das eigentliche Nest. Diese »Fake-Nester« bleiben leer, beschäftigen aber Nesträuber und sichern so ein Überleben der Eier. Mit Beginn der Regenzeit schlüpfen die jungen Schildkröten. Da die Tiere auf Sand angewiesen sind, macht ihnen der massive Sandabbau für kommerzielle Zwecke zu schaffen.

Die Nördliche Batagur-Schildkröte *Batagur affinis affinis* wird seit 2009 von der südlichen Art unterschieden.

Art, Familie *Batagur affinis edwardmolli*, Altwelt-Sumpfschildkröten (Geoemydidae) | Vorkommen Kambodscha, Westmalaysia, Vietnam | Habitat große Flüsse mit Bereichen aus Sandstränden und -bänken | Größe Männchen bis 50,2 Zentimeter, Weibchen bis 62,5 Zentimeter Panzerlänge; bis 38 Kilogramm | Nahrung Wasser-, Schwimm- und Sumpfpflanzen, Weichtiere, insbesondere Schnecken, Garnelen, Fische | Bedrohungsstatus nach Roter Liste kritisch von Ausrottung bedroht, Population abnehmend | Merke Diese Schildkrötenart gehört zu den 25 bedrohtesten Schildkrötenarten der Welt und findet sich hier auf Rang 17. Es leben vielleicht noch bis zu 2.500 erwachsene Schildkröten dieser Art in der Natur!

100 Texas-Klapperschlange

Todbringender Nebendarsteller im Western

Neben der Kobra ist die Klapperschlange die weltweit bekannteste Giftschlange überhaupt. Auch wer diese Schlange noch nie im Freiland gesehen hat, kennt sie entweder aus Filmen oder Dokumentationen aus dem Fernsehen oder aus Besuchen in zoologischen Gärten.

Das Abwehrverhalten dieser Art ist charakteristisch, denn wenn sie sich in die Enge getrieben fühlt oder ihr anderweitig Gefahr droht, rollt sie sich zunächst tellerförmig zusammen. Der Kopf und die deutlich hörbare Rassel, die aus trockenen Horngliedern besteht und mit jeder Häutung länger wird, werden angehoben. Wird die Klapperschlange weiterhin bedroht, geht sie in die Angriffsstellung über, indem sie die angehobene vordere Hälfte des Körpers s-förmig anspannt. Zeigt diese Drohgebärde keinen Erfolg, stößt sie mit dem Vorderkörper pfeilschnell zum Biss vor. Das injizierte Gift ist sehr potent und ruft eine starke, schmerzhafte Schwellung hervor. In den USA ist diese Art für einen Großteil der Bissunfälle durch Schlangen verantwortlich, oft mit tödlichem Ausgang.

Kennzeichnend für diese Art ist das dunkle Diamantmuster auf dem Rücken. Daher wird sie auch als Westliche Diamantklapperschlange bezeichnet.

Obwohl heute klar ist, dass Klapperschlangen wichtige Mitglieder der Nahrungskette sind und Schädlinge wie Nagetiere eindämmen, stellen besonders Menschen ihnen nach. Jedes Jahr finden sogenannte »Rattlesnake Roundups« im Mittleren Westen und Süden der USA statt, das größte in Sweetwater, Texas. Hierfür werden aus der Natur möglichst viele Klapperschlangen gefangen. Diese werden in Tanks zur Schau gestellt, bevor ihnen das Gift abgemolken, sie enthauptet und gehäutet werden. Kopf und Haut werden präpariert und veräußert, das Fleisch der Schlangen wird frittiert und zum Verzehr angeboten. Dieses blutige Spektakel sorgt für einen massiven Rückgang der Bestände in der Natur.

Art, Familie *Crotalus atrox*, Vipern (Viperidae) | **Vorkommen** Mexiko, USA (Südost-Kalifornien, Südnevada, Arizona, New Mexico, Texas, Oklahoma, Arkansas) | **Habitat** vegetationsarme, trockene Wälder, Savanne, Wüste, steinige Gegenden, meist nur bis 1.500 Meter Höhe (Ausnahmen bis 2.440 Meter Höhe) | **Größe** bis 180 Zentimeter Gesamtlänge | **Nahrung** Nagetiere, kleine Säugetiere | **Bedrohungsstatus** nach Roter Liste nicht gefährdet, Population stabil – noch! | **Merke** Wenn die Rassel erklingt, ist Vorsicht geboten!

101 Tokeh

Glücklich, wer einen Tokeh rufen hört!

1758 von Carl von Linné erstmals beschrieben, ist der Tokeh ein alter Bekannter. Mit seiner hübschen blaugrauen Färbung und vielen roten Punkten ist er außerdem ein echter Hingucker! Und dann kann das Männchen auch noch seinen Namen rufen! Und das wahlweise, je nachdem wie man gerade hinhört, wissenschaftlich oder trivial: Mancher hört »Gekko-gekko«, und mancher hört ein lang gezogenes »Tokeeee« aus dem nächtlichen Ruf des Tieres, der mehrfach wiederholt wird. Zu Beginn und zum Ende einer jeden Ruffolge ertönt ein Knattern. Die Rufe dienen der Markierung der Reviere und dem Anlocken der Weibchen. In ihrer asiatischen Heimat verheißt es Glück, wenn der Tokeh mindestens siebenmal ruft. Der Gecko ist nachtaktiv und bringt durch seinen lauten Ruf auch mal Touristen um den Schlaf.

Der Tokeh läuft mühelos an glatten Wänden, Decken und Fenstern entlang. Sein Fuß braucht weder Klebstoff noch Schleim, denn er hat eine ganz besondere Feinstruktur. Die Fußsohle hat winzig kleine Falten, die Lamellen. Diese Lamellen bestehen aus nebeneinanderstehenden Haarbüschelchen, die sich wiederum in feinste Härchen verzweigen. Diese feinen Härchen enden in einer kellenförmigen Verbreiterung. Sie sind so fein, dass sie nur mit dem Elektronenmikroskop zu sehen sind, und ermöglichen, dass der Geckofuß sogar an unebenen Oberflächen Halt findet. Kräfte auf molekularer Ebene (Van-der-Waals-Kräfte, Säure-Base-Wechselwirkungen) tragen zusätzlich dazu bei, dass Geckos auf diversen Flächen bei verschiedenen Temperaturen und bei Nässe unterwegs sind. Denn der Fuß hat eine natürliche wasserunlösliche Lipidschicht, die auch dafür sorgt, dass der Gecko seinen Fuß von der Oberfläche lösen kann. Man muss ja auch wieder loslassen können!

Auf Basis der Haftkraft des Geckofußes konnte bereits ein Klebeband entwickelt werden, das eine Masse von zehn Kilogramm pro Quadratzentimeter trägt.

Art, Familie *Gekko gecko*, Geckos (Gekkonidae) | **Vorkommen** Bangladesch, Bhutan, Kambodscha, China, Indien, Indonesien, Demokratische Volksrepublik Laos, Malaysia, Myanmar, Nepal, Philippinen, Thailand, Timor-Leste, Vietnam, eingeführt in Belize, Guadeloupe, Hongkong, Madagaskar, Martinique, Singapur, USA (Florida, Hawaii), Mexiko | **Habitat** tropische und subtropische Regionen mit Wald, Primär- und Sekundärregenwald, Kulturfolger | **Größe** bis 36,5 Zentimeter maximale Gesamtlänge, Weibchen kleiner als Männchen | **Nahrung** Insekten, Spinnentiere, kleinere Wirbeltiere wie andere Reptilien, kleine Vögel | **Bedrohungsstatus** nach Roter Liste nicht gefährdet, Population unbekannt | **Merke** Tokehs sind Familien-Geckos, beide Eltern verteidigen ihren Nachwuchs!

102 Uracoa-Klapperschlange

Bissiger Teller, den man nicht überhören kann

Die Uracoa-Klapperschlange zählt zu den tropischen Grubenottern. Sie lebt in der Maturin-Savanne in Venezuela, einer tropischen Graslandebene. Zum Schutz vor der Sonne sucht sie gerne Bauten von Gürteltieren auf. Als Klappenschlange trägt sie am Schwanzende ein Rasselorgan. Die hohlen Hornglieder greifen hier ineinander über, mit jedem Abstreifen der alten Haut kommt ein weiteres Hornglied dazu. An der Länge der Rassel kann man daher bedingt Aussagen über das Alter der Schlange treffen. Allerdings kann sie ihre Rassel auch verlieren.

Diese Schlange gilt als wenig aggressiv und hat ein ruhiges Wesen. Tagsüber liegt die dämmerungs- und nachtaktive Schlange auf der Stelle und rollt ihren Körper tellerförmig ein. Bei Bedrohung flüchtet sie nicht, sondern teilt durch ihre Rassel lautstark ihre Anwesenheit mit. Die Rassel erzeugt durch schnelles seitliches Vibrieren ein Geräusch, das eher an ein Schwirren als an ein Klappern erinnert. Wird diese Warnung ignoriert, erfolgt oft blitzschnell der Biss. Ihr Gift ist recht potent und enthält Eiweiße, die die Blutgerinnung beeinflussen, aber auch Neurotoxine, die das Nervensystem beeinträchtigen.

Um in der Nacht erfolgreich jagen zu können, besitzen Grubenottern, zu deren Unterfamilie auch Klapperschlangen zählen, vor dem Auge Einbuchtungen des Oberkieferknochens. Diese etwa fünf Millimeter tiefen Gruben sind Sinnesorgane, ausgestattet mit einer Membran, an der sehr viele Nervenenden zusammenlaufen. Dies ermöglicht es der Schlange, kleinste Temperaturunterschiede wahrzunehmen. So kann sie erkennen, um welches Beutetier es sich handelt, wie groß und wie weit es entfernt ist. Wurde der Beute erfolgreich Gift injiziert, wartet die Schlange einige Zeit ab und verfolgt dessen Duftspur mit der gespaltenen Zunge. Während der Verdauung wird neues Gift produziert, und die Säure im Magen neutralisiert jenes aus der Beute.

Art, Familie *Crotalus vegrandis*, Vipern (Viperidae) | Vorkommen Venezuela | Habitat offenes Grasland, Savanne | Größe bis 120 Zentimeter Gesamtlänge | Nahrung Vögel, Kleinnager, gelegentlich Echsen | Bedrohungsstatus nicht in der Roten Liste aufgeführt | Merke Hör auf ihre Warnung! Wenn sie rasselt, tritt einen Schritt zurück und gönne ihr die Ruhe.

103_Waglers Lanzenotter

Unterschätzter Bewegungsmuffel des Regenwaldes

Diese äußerst plump wirkende Baumschlange wird auch Bambusotter genannt. Neben der attraktiven Färbung der Weibchen ist ihr markanter, fast herzförmiger, ungewöhnlich breiter Kopf besonders auffällig und deutlich vom Hals abgesetzt.

Ausgewachsene Weibchen schmücken sich mit einer schwarzen Grundfärbung, die an den Flanken in Grün- und Gelbtöne übergeht, zudem sind Querbinden, Flecken und Streifen zahlreich vorhanden. Die Männchen sind nur halb so lang wie die Weibchen und deutlich schlanker, zudem behalten sie die typische grün-blaue Körperfärbung junger Bambusottern mit wenigen rötlichen Querbinden. So lassen sich die Geschlechter bereits kurz nach der Geburt gut unterscheiden. Waglers Lanzenotter ist lebendgebärend (ovovivipar) und bringt, meist nachts, bis zu 30 Jungschlangen zur Welt. Diese verlassen noch im Mutterleib die Eihülle und werden als voll entwickelte Jungschlangen mit etwa 20 Zentimeter Länge geboren. Die Geburt geschieht oft in luftiger Höhe, wo den kleinen Schlangen ihr gut entwickelter Greifschwanz zugutekommt. Jungtiere ernähren sich von kleinen Echsen und Fröschen. Mit zunehmender Größe werden auch Vögel und diverse kleinere Säugetiere gejagt. Als Anpassung an ihr Leben in den Baumkronen setzen diese Schlangen ihr Gift zum Töten ein. Lange Verfolgungsjagden sind in luftiger Höhe nicht günstig. Ihre Beute hält sie so lange im Maul fest, bis diese sicher verendet ist und verspeist werden kann.

Diese Giftschlange wird auch Tempelotter genannt. In einem daoistischen Schlangentempel in Penang wird die Tempelotter zu religiösen Zwecken neben dem Altar frei und ungesichert gepflegt. Mutige Touristen dürfen die Tiere gegen ein Trinkgeld auf den Arm nehmen und sich fotografieren lassen. Von Bissunfällen ist bisher noch nichts bekannt geworden. Die Tempelotter ist tagsüber besonders träge und beißt auch erst bei massiver Belästigung zu. Darauf sollte man sich aber besser nicht verlassen!

Art, Familie *Tropidolaemus wagleri*, Vipern (Viperidae) | Vorkommen Indonesien (Sumatra), Westmalaysia, Singapur, Thailand | Habitat feuchte Waldgebiete, Mangroven, Sümpfe, bis 400 Meter Höhe | Größe Männchen 80 Zentimeter, Weibchen 130 Zentimeter Gesamtlänge | Nahrung Nagetiere, Eidechsen, Frösche, Vögel | Bedrohungsstatus nach Roter Liste nicht gefährdet, Population stabil | Merke Bissunfälle sind selten, aber schmerzhaft. Tödlich verlaufende Unfälle sind bisher nicht bekannt.

104 Weißlippen-Bambusotter

Gut getarnt und gefährlich

Bei der schön grün gefärbten Weißlippen-Bambusotter sucht man die namensgebenden weißen Lippen zunächst vergebens! Erst wenn diese Giftschlange ihr Maul öffnet, werden die schmalen weißen Lippenränder sichtbar. Diese Schlange lebt in den Baumkronen des Waldes und ist durch ihre Farbe und Anatomie an dieses Leben hervorragend angepasst. Der gut entwickelte Greifschwanz ist rotbraun gefärbt, und das Grubenorgan ist bei dieser Art sehr ausgeprägt.

Das Gift der Weißlippen-Bambusotter verhindert die Gerinnung des Blutes. Bissunfälle sind unangenehm und schmerzhaft, aber nur selten tödlich. Zu Unfällen kommt es vor allem dadurch, dass ihr Lebensraum verschwindet und die Bambusotter so dem Menschen immer näher kommt. Neben ihren Wäldern bewohnt diese nachtaktive Schlange mittlerweile auch Plantagen und Reisfelder. Sie teilt das Schicksal vieler anderer Reptilien- und auch Amphibienarten. Mit den natürlichen Lebensräumen gehen auch die Bestände stark zurück.

Wenn man vor 20 Jahren Urlaub in Thailand gemacht hat und sich etwas abseits der üblichen Touristenrouten bewegte, fand man diese Bambusotter oft als »Verkehrsopfer« überfahren auf den Straßen. Bei nächtlichen Streifzügen über lehmige Wege entlang der Reisfelder konnte man sie bei der Jagd beobachten. Ist man hier heute unterwegs, sind diese »Verkehrsopfer« selten, und auch ein nächtlicher Spaziergang über die inzwischen asphaltierten Wege entlang der Reisfelder führt nur in Ausnahmefällen zum Sichtungserfolg. Diese Tendenz wird aus vielen Regionen der Welt berichtet, denn überall gehen vor allem die Bestände der Schlangen dramatisch zurück. Diese Entwicklung muss aufmerksam beobachtet und bestenfalls gestoppt werden. Bereits jetzt verzeichnet Indien eine deutliche Zunahme an Schadnagern wie Ratten. Schlangen haben von den Reptilien den schlechtesten Ruf und bringen dem Menschen doch so viel.

Art, Familie *Trimeresurus albolabris*, Vipern (Viperidae) | **Vorkommen** Bhutan, Südchina, Hongkong, Indonesien (Java, Sumatra), Demokratische Volksrepublik Laos, Indien, Kambodscha, Macao, Malaysia (Halbinsel Malaysia), Myanmar, Nepal, Thailand, Vietnam | **Habitat** waldiges und auch buschiges Gelände, bis 1.200 Meter Höhe | **Größe** Männchen 80 Zentimeter, Weibchen 100 Zentimeter Gesamtlänge | **Nahrung** Nagetiere, Eidechsen, Frösche, Vögel | **Bedrohungsstatus** nach Roter Liste nicht gefährdet, Population stabil, allerdings dringend zu überarbeitende Daten! | **Merke** Hier gefriert das Blut nicht in den Adern, sondern gerinnt nicht mehr!

105 Westliche Blindschleiche

Es ist eine Echse, ja, eine echte Echse!

Was will man machen, wenn schon der wissenschaftliche Name eigentlich eine Fehlinformation ist? *Anguis* aus dem Lateinischen bedeutet Schlange. Zugegeben: Man muss genau hinschauen, aber dann stellt man viele Unterschiede zu den Schlangen fest, die hier gar nicht alle beschrieben werden können. Schlangen besitzen eine sogenannte Oberlippenlücke, durch die die Zunge beim Züngeln nach außen fährt, diese fehlt den Blindschleichen. Dafür haben Schleichen bewegliche Augenlider, die wiederum den Schlangen fehlen, und kleine Bauchschuppen, während Schlangen große, quer verlaufende Bauchschuppen besitzen. Schlangen haben einen kurzen Schwanz, der meist maximal zehn Prozent der Gesamtlänge ausmacht, während dieser bei Blindschleichen etwa die Hälfte einnimmt und rasch abbricht (*fragilis* – zerbrechlich).

Nicht bei allen Schleichen sind die Beine evolutionär verloren gegangen, und es gibt auch andere Echsen mit reduzierten Beinen. Zusammengefasst: Blindschleichen sind Echsen. Die Ähnlichkeit zu den Schlangen kostete viele Blindschleichen das Leben, da sie sofort für giftige und somit für den Menschen gefährliche Tiere gehalten und häufig getötet wurden. Auch heute kommt es noch zu Verwechslungen.

Die Westliche Blindschleiche ist das häufigste Reptil in Deutschland und fast flächendeckend verbreitet. Als Generalist hat sie wenig Ansprüche an den Lebensraum. Nur zu feucht und zu hoch liegt ihr nicht, wobei sie in den Alpen sogar in 1.800 Metern Höhe gefunden wurde. Gerne hat die Blindschleiche eine dichte, deckungsreiche Vegetation und eine gewisse Bodenfeuchte. Letzteres ist wichtig, da die Hauptbeute aus Regenwürmern und Schnecken besteht. Diese werden im Ganzen verschlungen, weshalb die Zähne spitz und nach hinten gebogen sind. Da sie so einiges an Schnecken vertilgt, sollte man sich freuen, wenn Blindschleichen durch den Garten schleichen!

Art, Familie *Anguis fragilis*, Schleichen (Anguidae) | Vorkommen Nordspanien bis Polen, südlich bis Rumänien, im Norden bis Dänemark, Südnorwegen und Südschweden, Großbritannien, auch in Deutschland | Habitat Gras- und Buschland, meist südseitige Hanglagen strukturierter Felsen, Mauern und Geröllfelder | Größe bis 53 Zentimeter Gesamtlänge | Nahrung Regenwürmer, Schnecken, gelegentlich Gliederfüßer und deren Larven | Bedrohungsstatus nach Roter Liste nicht gefährdet, Population stabil; nach dem Bundesnaturschutzgesetz in Deutschland besonders geschützt | Merke Blindschleichen sind nicht blind! Der Name stammt wohl aus dem Althochdeutschen und bezieht sich auf die blendend glänzenden Schuppen: blendender Schleicher (»Blend« ist Althochdeutsch für Erz, das glänzt).

106 Westliche Smaragdeidechse

Wertvolle Schönheit!

Die beiden wohl schönsten Echsenarten in Deutschland sind die Westliche und die Östliche Smaragdeidechse. Der Westlichen wird häufig nachgesagt, dass sie sehr trockene Gebiete bevorzugt, was nicht ganz richtig ist, denn sie liebt es zwar sonnig, aber nicht zu trocken. Wichtig sind ausreichend Versteckmöglichkeiten wie Steinhaufen, Trockenmauern, Gebüsche und Ähnliches. Sie ist nach der Blindschleiche die größte Echse in Deutschland, und der eine oder andere Wanderer ist erstaunt oder gar erschreckt, wenn er der Westlichen Smaragdeidechse begegnet, die ein Gewicht von bis zu 45 Gramm erreichen kann.

Die Westliche Smaragdeidechse ist in Deutschland stark bedroht. Sie ist hier nur noch in sehr kleinen Gebieten verbreitet, den Tälern der Mosel, Nahe, Lahn und dem mittleren Rheintal sowie am und um den Kaiserstuhl. Wahrscheinlich war ihre Verbreitung in früheren Zeiten weniger lückenhaft. Weil sie hier nur in kleinen Populationen und kleinen Gebieten vorkommt, können sich Änderungen, zum Beispiel klimatischer Natur, dramatisch auf den jeweiligen Bestand auswirken, da Ausweichmöglichkeiten fehlen.

Ende des letzten Jahrhunderts wurden viele alte Weinberge umgestaltet, die anschließend nicht mehr von den Echsen besiedelt wurden. Es gibt zwar wachsende Populationen, häufig sind die Ausbreitungsmöglichkeiten aber begrenzt. Nicht zuletzt werden die schönen Tiere gefangen, um sie – gesetzeswidrig – im Terrarium zu halten. Das führt so weit, dass neu entdeckte oder wiederangesiedelte Vorkommen von Behörden und Verwaltungen geheim gehalten werden, um sie vor Tierfängern zu schützen. Dies wiederum stellt die Forschung vor Schwierigkeiten, weil so natürlich exakte Bestandsgrößen schwer zu ermitteln sind. Tierfänger gibt es also nicht nur in entfernten afrikanischen oder asiatischen Regionen fernab Europas, sondern mitten unter uns.

Art, Familie *Lacerta bilineata*, Echte Eidechsen (Lacertidae) | **Vorkommen** Nordspanien, westliches und südliches Frankreich, Italien, westliches Kroatien, Monaco, Slowenien, Schweiz, sehr kleine Vorkommen in Deutschland | **Habitat** Wald, Gras- und Buschland, Trockenwaldränder, Weinberge, Ginster- und Steppenheiden, Bahndämme, Streuobstwiesen mit Versteckmöglichkeiten | **Größe** bis 35 Zentimeter Gesamtlänge | **Nahrung** Gliederfüßer, Schnecken, kleine Wirbeltiere | **Bedrohungsstatus** nach Internationaler Roter Liste nicht gefährdet, Population abnehmend; nach Roter Liste Deutschland stark gefährdet und nach Bundesnaturschutzgesetz streng geschützt | **Merke** Die Edelsteine unserer heimischen Tierwelt müssen geschützt werden.

107_Würfelnatter

Schwimmender Meister der Täuschung

Die heimische Würfelnatter ist bei uns selten geworden, ihr Bestand ist bedroht. Zum Glück gilt dies nicht für ihr restliches Verbreitungsgebiet, das große Teile Europas umfasst. Deutschland war klimatisch gesehen bisher ein Verbreitungs-Randgebiet. Mit zunehmender Veränderung des Klimas könnte sich das ändern. Dem gegenüber steht aber der Verlust geeigneter Lebensräume. Außerdem wird Schlangen sehr wenig Sympathie entgegengebracht, besonders im eigenen Garten.

Würfelnattern benötigen Gewässer, egal ob Seen, Tümpel, Flüsse oder Wassergräben. Hauptsache, es gibt eine natürliche Ufervegetation und einen gesunden Fischbestand. Da die Würfelnatter hervorragend schwimmen und tauchen kann, verbringt sie viel Zeit im Wasser. Nur zum Sonnenbaden sucht sie überhängende Äste oder Gestrüpp auf, aber die Nähe zum Wasser bleibt bestehen, da sie bei Bedrohung immer dorthin flüchtet. Auch ihre Nahrung findet sie hier, denn Fische sind ihre bevorzugte Beute. Kleinere Fische werden noch im Wasser verspeist. Größere trägt sie vorsichtshalber an Land, damit sie nicht flüchten. Die Würfelnatter liegt nicht nur auf der Lauer, sondern ist eine aktive Jägerin, die Fische auch schwimmend erbeuten kann. Da dies eine gute Beweglichkeit voraussetzt, geht die tagaktive Natter meist nachmittags auf Nahrungssuche, nachdem sie den Vormittag zum Sonnenbaden genutzt hat.

Ihren Namen verdankt die Würfelnatter ihrer dunklen Rückenmusterung, der Bauch ist weiß bis gelblich. Wenn ein Fisch aus dem Wasser nach oben schaut, blickt er Richtung Sonne ins Helle. Da ist eine helle Bauchseite von Vorteil. Von oben ist es genau umgekehrt. Überfliegt ein Fressfeind, wie die Möwe, das Gewässer, blickt sie ins Dunkle. Zur Not stellt sich die Natter bei Gefahr tot, sie fällt in Schreckstarre (Thanatose), die eine völlige Bewegungsunfähigkeit zur Folge hat. Manchmal hängt sogar die Zunge aus dem Maul.

Art, Familie *Natrix tessellata*, Nattern (Colubridae) | **Vorkommen** von Mitteleuropa bis nach Asien | **Habitat** Grasland, Feuchtgebiete, deckungsreiche Gebiete mit Gewässeranbindung, bis 2.800 Meter Höhe | **Größe** bis 130 Zentimeter Gesamtlänge | **Nahrung** Fische, Amphibien | **Bedrohungsstatus** nach Roter Liste nicht gefährdet, Population abnehmend; nach Roter Liste Deutschland vom Aussterben bedroht, streng geschützt und besonders geschützt nach Bundesnaturschutzgesetz und der Fauna-Flora-Habitat-Richtlinie | **Merke** Die Würfelnatter ist ein Nahrungsspezialist, der sich schon mal tot stellt.

108 Wüsten-Hornviper

Auf flinken Schuppen unterwegs

Die Wüsten-Hornviper ist eine extrem gut an ihren Lebensraum angepasste Giftschlange. Ihr gedrungener Körper endet in einem kurzen Schwanz, und der deutlich vom Körper abgesetzte Kopf bildet ein breites Dreieck. Die kleinen Nasenlöcher sind nach oben ausgerichtet. Zudem kommt die Schlange in beiger Tarnoptik daher – perfekt für den Wüstensand. Über jedem Auge befindet sich ein Hörnchen, eine stachelartig verlängerte Schuppe. Ihr Sinn und Zweck sind noch nicht abschließend geklärt. Eine mögliche Funktion ist, dass diese Hörnchen die Augen vor starkem Sonnenlicht beschatten, wie ein Cappy also.

Dank ihrer kantig ausgebildeten Bauchschuppen kann sich die Hornviper sekundenschnell im losen Wüstensand eingraben. Dazu spreizt sie die Rippen und bewegt sich zügig seitlich hin und her. Eingegraben schauen nur noch die Augen mit den Hörnchen und die Nasenlöcher aus dem Sand. So trotzt diese Viper der Hitze des Tages und der Kälte der Nacht. Außerdem liegt sie so auf der Lauer nach Beute und ist perfekt vor Fressfeinden getarnt. Kommt es dennoch zu einer Bedrohung, führt sie lebhafte Schlängelbewegungen auf der Stelle aus und erzeugt durch Aneinanderreiben der groben Schuppen ein rasselndes Geräusch. Zusätzlich kann sie Zischlaute von sich geben. Gebissen wird nur im absoluten Notfall.

Bei Bedarf kann die Hornviper problemlos Strecken von wenigen Kilometern überwinden. Damit dies auf dem losen, feinen Sand möglich ist, wendet sie die Technik des Seitenwindens an. Es wird abwechselnd je ein Abschnitt des Körpers hinter dem Kopf und vor dem Schwanz angehoben und wieder schräg vorne abgesetzt. Diese Technik ermöglicht ihr ein außerordentlich schnelles und sicheres Dahingleiten auf krümeligem Untergrund. Somit ist die Schlange Muse für Ingenieure, die nach ihrem Vorbild Roboter bauen, die bei der Bergung Verunglückter oder in der Archäologie zum Einsatz kommen.

Art, Familie *Cerastes cerastes*, Vipern (Viperidae) | **Vorkommen** Ägypten, Algerien, Israel, Jemen, Libyen, Mali, Mauretanien, Marokko, Niger, Saudi-Arabien, Sudan, Tunesien, Westsahara, Tschad | **Habitat** Buschland, Halbwüste, Wüste, bis 1.500 Meter Höhe | **Größe** maximal 80 Zentimeter Gesamtlänge | **Nahrung** kleine Säugetiere, Echsen, Vögel | **Bedrohungsstatus** nach Roter Liste nicht gefährdet, Population stabil | **Merke** Wenn im Wüstensand eine s-förmige Kuhle mit Seitenrändern zu sehen ist, liegt eine Hornviper darunter. Vorsicht!

109 Zacken-Erdschildkröte

Das Blatt mit dem unverwechselbaren Blick

Unter den Altwelt-Sumpfschildkröten gibt es kaum eine zweite mit einer so seltsamen Optik wie Spenglers Zacken-Erdschildkröte. Das nah verwandte Pendant, *Geoemyda japonica* aus Japan, sieht ihr ähnlich, doch trumpft *Geoemyda spengleri* mit einer tollen Farbgebung und einem unnachahmlichen Blick auf. In diese »Glupschaugen« muss man sich einfach verlieben! Allerdings können diese Augen noch mehr als reizend schauen, denn das Tier kann sie unabhängig voneinander bewegen und gleichzeitig scharf in verschiedene Richtungen blicken. Die Linsen können stark gekrümmt werden, sodass sie in herausragender Geschwindigkeit ihr Umfeld scharf stellen. Ihre Augen arbeiten doppelt so schnell wie die eines Chamäleons (60 Dioptrien pro Sekunde). Sie hat eine Akkommodationsgeschwindigkeit von bis zu 150 Dioptrien pro Sekunde. Sensationell! Ein sehr junger Mensch hat lediglich einen Akkommodationsspielraum von 33 Dioptrien pro Sekunde, und dieser sinkt mit dem Alter, da die Linse an Elastizität einbüßt.

Zudem besitzt diese sehr flache Schildkröte eine exzellente Tarnung. Dank der besonderen Form ihres Rückenpanzers (Carapax) sieht sie fast wie ein Laubblatt aus. Dadurch ist sie perfekt getarnt, wenn sie reglos zwischen »anderen« Blättern am Waldboden sitzt. Denn hier hält sie sich bevorzugt in der Laubstreu auf. Jedes hintere Randschild des rötlich-braunen Carapax läuft nach außen hin spitz aus, sodass der Panzer gezackt aussieht.

Diese Art wird seit jeher für die traditionelle Medizin und für den Heimtiermarkt aus der Natur gesammelt. Dies führte zu einem massiven Populationsrückgang von über 70 Prozent in den letzten Jahrzehnten. Die nun seltenen Tiere haben einen noch höheren Marktpreis. Um diese Art zu retten, müssten dringend geeignete Schutzgebiete ausgewiesen werden. Gut ausgebildete Ranger müssten diese unersetzlichen Tiere bewachen und für ihre gefährliche Arbeit adäquat entlohnt werden.

Art, Familie *Geoemyda spengleri*, Altwelt-Sumpfschildkröten (Geoemydidae) | **Vorkommen** China (Guangdong, Guangxi, Hainan), Vietnam, Laos | **Habitat** Bergwald mit Wasserläufen, in Höhen von 530–1.548 Meter | **Größe** Männchen 10,9 Zentimeter, Weibchen 12,8 Zentimeter Panzerlänge | **Nahrung** Wirbellose (wie Würmer, Insekten, Schnecken), Pflanzen, Früchte | **Bedrohungsstatus** nach Roter Liste stark gefährdet, Population abnehmend | **Merke** Tarnung ist das halbe Leben!

110_Zauneidechse

Weit verbreitet! Auch mal schön!

Die Zauneidechse ist eigentlich ein Bewohner von Waldsteppen, die nach der Eiszeit in Europa weit verbreitet waren, aber im Anschluss durch die Wiederbewaldung zurückgedrängt wurden. So gab es in Deutschland nur noch wenige natürliche Verbreitungsgebiete. Durch anthropogene, also menschliche Einflüsse, wie die Rodung der Wälder zur Holznutzung oder für die Landwirtschaft, wurden ab dem Mittelalter Lebensräume neu geschaffen. Dies half der Zauneidechse und ermöglichte es ihr, Deutschland, wenn auch nicht flächendeckend, immerhin in weiten Teilen zu besiedeln. So weit, so gut, aber aufgrund intensiver Landnutzung in den letzten Jahrzenten muss sich die Echse heute wieder mit Rand- und Restflächen begnügen. Immerhin ist die Zauneidechse in Deutschland nicht akut bedroht, sondern eine der häufigsten Echsenarten nördlich der Alpen und befindet sich »nur« auf der Vorwarnliste der Roten Liste der Bundesrepublik. Sie war zwei Jahre Reptil des Jahres: 2020 und 2021 – coronabedingt.

Die Zauneidechse ist tagaktiv und verbringt die Nacht im Versteck. Um den Tag zu beginnen, ist wahrscheinlich die Intensität der Sonneneinstrahlung wichtiger als die Temperatur. Hat sie sich also in der Sonne aufgewärmt, beginnt die Aktivitätsphase: Die Echse jagt, begibt sich auf Partnersuche oder was man als Echse so tut. Beute wird sowohl aktiv bejagt und verfolgt, als auch aufgelauert. Erreichen die Temperaturen am Mittag unangenehme Höhen, begibt sich die Zauneidechse in schattige Bereiche oder zieht sich gleich ganz zu einer Siesta in ihr Versteck zurück. Nachmittags hat sie dann bei sinkenden Temperaturen eine zweite Aktivitätsphase.

Die Eier werden in den sandigen Boden gelegt, da dort überflüssiges Wasser zwar schnell abläuft, aber durch Kapillarkräfte verfügbar bleibt. Trocknet die obere Schicht also ab, zieht diese Wasser aus tieferen Schichten nach oben, und die Eier oder Embryos können keinen Schaden nehmen.

Art, Familie *Lacerta agilis*, Echte Eidechsen (Lacertidae) | Vorkommen ganz Mittel- und Osteuropa, von Zentralfrankreich bis zum Baikalsee | Habitat Wald, Gras- und Buschland, ursprünglich Waldsteppen, bis in 2.500 Meter Höhe | Größe 18–24 Zentimeter Gesamtlänge | Nahrung diverse Gliederfüßer | Bedrohungsstatus nach Roter Liste nicht gefährdet, Population abnehmend; in Deutschland nach Bundesnaturschutzgesetz und Fauna-Flora-Habitat-Richtlinie streng geschützt | Merke Mit etwas Geduld ist die Zauneidechse gut zu beobachten, wenn man weiß, wann und wo.

111 ZGAP-Erdschlange

Eine Schlange für den Artenschutz

Die Gattung, zu der diese kleine Schlange gehört, ist eine der artenreichsten Schlangengattungen der Welt und stammt aus Mittel- und Südamerika. Aktuell werden ihr 146 Arten zugeschrieben, und aufgrund moderner Forschungsmethoden ist anzunehmen, dass es vielleicht in diesem Moment noch mehr werden. Scheinbar kommen viele der Erdschlangen nicht weit rum und leben endemisch, also nur auf einem Gebirgszug oder beschränken sich auf ein einziges Tal. Zahlreiche Arten leben ausgesprochen verborgen, tief im Regenwald und in schwer zugänglichen Gebieten der Anden. Ihre Entdeckung ist ein wahres Abenteuer. Auf ein solches Abenteuer machte sich eine Gruppe Wissenschaftler um den Forscher Alejandro Arteaga (Fundación Khamai), mit dem Ziel, die Systematik der *Atractus*-Gattung zu erforschen und zu schauen, ob sich nicht was Neues finden lässt, auf. Und siehe da, gleich drei neue Arten entdeckte die Expedition, auf der die Forscher jeden Stein umdrehten, um die winzig kleinen Schlangen, die teils unterirdisch leben, überhaupt aufzuspüren.

Eine der 2022 neu beschriebenen Erdschlangen ist auf ihrem Rücken und den Seiten braun und bäuchlings gelb gefärbt. Unter anderem durch ihre Beschuppung unterscheidet sie sich von ähnlich aussehenden Verwandten. Die Tiere halten sich mit Vorliebe verborgen unter Steinen, in der Laubstreu und in der humosen Schicht des Waldbodens auf.

Um die Arbeit der Zoologischen Gesellschaft für Arten- und Populationsschutz (ZGAP) zu ehren, die sich ausnahmslos für den Schutz und Erhalt unbekannter, aber hochbedrohter Arten und ihrer Lebensräume einsetzt, gaben die Forscher ihrer Neuentdeckung den Artnamen *zgap*. Hoffentlich wird durch den Namen dieser Erdschlange stets an die wichtige Arbeit erinnert, die abgelegenen Nebelwälder der Neotropis zu erforschen und ihren Erhalt zu fördern. Damit auch die ZGAP-Erdschlange in Zukunft eine Heimat hat.

Art, Familie *Atractus zgap*, Nattern (Colubridae) | Vorkommen Ecuador (Provinz Napo) | Habitat Waldboden, in 1.460–1.703 Meter Höhe | Größe um 41,3 Zentimeter Gesamtlänge | Nahrung Wirbellose wie Ringelwürmer | Bedrohungsstatus noch nicht in die Rote Liste aufgenommen (stark gefährdet vorgeschlagen), Population unbekannt | Merke Es lohnt sich stets, auch noch den dreckigsten Stein umzudrehen, um darunter ein kleines Juwel zu entdecken!

Holger Grumt Suárez,
Roland Grumt Suárez
111 Insekten, die täglich unsere Welt retten
ISBN 978-3-7408-0628-6

Carsten Neß, Theo Haart
111 Tiere und Pflanzen an der Mosel, die man kennen muss
ISBN 978-3-7408-0563-0

Theo B. Pagel, Christoph Schütt
111 Geschichten aus dem Kölner Zoo, die man kennen muss
ISBN 978-3-7408-1573-8

Annett Klingner, Pascal Klunder,
Katja Erdmann
111 Dinge über Katzen, die man wissen muss
ISBN 978-3-7408-1204-1

Roland Grumt Suárez,
Holger Grumt Suárez
111 Dinge über Affen, die man wissen muss
ISBN 978-3-7408-1214-0

Walter M. Weiss,
Ulrich Wernery
111 Dinge über Kamele, die man wissen muss
ISBN 978-3-7408-1206-5

Rudolf Jagusch,
Susanne Jagusch
111 Dinge über Schweine, die man wissen muss
ISBN 978-3-7408-0990-4

Maria Teresa Carbone
111 Hunde, die man kennen muss
ISBN 978-3-7408-0477-0

Theo B. Pagel, Brian Batstone
111 Dinge über Elefanten, die man wissen muss
ISBN 978-3-7408-0349-0

Monika Mansour
111 Pferde, die man kennen muss
ISBN 978-3-7408-0444-2

Elke Pistor
111 Katzen, die man kennen muss
ISBN 978-3-95451-830-2

Sandra Honigs, Marc Meßing, Beate Pelzer
111 Amphibien, die täglich unsere Welt verbessern
ISBN 978-3-7408-1274-4

Gisela Hopfmüller, Franz Hlavac
111 Ideen für einen besonderen Garten
ISBN 978-3-7408-1382-6

Marisa Becker, Peter Becker
111 ungenutzte Pflanzen, die man gegessen haben muss
ISBN 978-3-7408-1200-3

Klaudia Blasl
111 tödliche Pflanzen, die man kennen muss
ISBN 978-3-7408-0441-1

Petra Wochnik
111 Dinge über das Wattenmeer, die man wissen muss
ISBN 978-3-7408-1081-8

Martin Nusch
**111 Mal mit WDR 2
raus in den Westen**
ISBN 978-3-7408-1191-4

Martin Nusch
**111 Mal mit WDR 2 raus
in den Westen, Band 2**
ISBN 978-3-7408-1465-6

Patricia Szilagyi
**111 extreme Orte in Europa,
die man gesehen haben muss**
ISBN 978-3-7408-0863-1

Christoph Schrahe, Stefan
Herbke, Thomas Biersack
**111 Skipisten, die man
gefahren sein muss**
ISBN 978-3-7408-1600-1

Fotonachweis

Kapitel 1, 4, 48, 53: Sandra Honigs, im Zoo Krefeld; Kapitel 2: Patrick Appelhans; Kapitel 3, 8, 9, 15, 18, 22, 24, 27, 47, 56, 62, 63, 76, 81, 85, 87, 88, 92, 93, 94, 96, 98, 108: Bildarchiv Aquazoo Löbbecke Museum; Kapitel 5, 65: Mario Fuchs; Kapitel 6, 36: Christoph Andrijczuk; Kapitel 7, 23, 28, 35, 37, 40, 43, 69, 73, 101, 102, 104, 109: Sandra Honigs; Kapitel 10, 25, 39, 44, 54, 55, 66, 84, 107, 110: Philipp Schroeder; Kapitel 11, 26: Matthias Hendel, Zoo Dresden; Kapitel 12, 21, 38, 46, 57, 86, 97, 103: Sandra Honigs & Markus Juschka; Kapitel 13: Petr Hamernik, Prague Zoo; Kapitel 14, 42: Marcel Stawinoga, Zoo Dortmund; Kapitel 16, 30: Adam Bland; Kapitel 17, 71: Dominik Moser, Haus des Meeres, Wien; Kapitel 19, 51, 61, 95: Denise Seimet; Kapitel 20, 77, 82: Taissa Faust, im Tropen-Aquarium Hagenbeck, Hamburg; Kapitel 29: Enzo Franchini, Zoo Zürich; Kapitel 31: Kriton Kunz; Kapitel 32, 52, 83, 91: Dirk Loddenkemper, Zoo Zürich; Kapitel 33: Phoebe Griffith, Wild CRU, Oxford; Kapitel 34, 89: Thomas Türbl, Auffangstation für Reptilien München e.V.; Kapitel 41: shutterstock.com/Murilo Mazzo; Kapitel 45: shutterstock.com/SaltedLife; Kapitel 49: John Lyakurwa, Tansania; Kapitel 50: Arne Schulze; Kapitel 58: Sandra Honigs, im Zoo Duisburg; Kapitel 59: Meriussoni Zai, Turtle Foundation; Kapitel 60: Clare Wilkie, Crocodiles of the World; Kapitel 64, 70: Frank Glaw; Kapitel 67: Gloria Jansen; Kapitel 68: Rosanna Mangione; Kapitel 72, 74: Klaus Rudloff; Kapitel 75: shutterstock.com/Sukpaiboonwat; Kapitel 78: Cordula Galeffi, Zoo Zürich; Kapitel 79: Anna Rauhaus, Zoo Köln; Kapitel 80: Yñigo del Prado für Katala Foundation Inc.; Kapitel 90: Jérémy Lemaire; Kapitel 99: Philipp Wagner, Angkor Centre for Conservation of Biodiversity, Cambodia; Kapitel 100: shutterstock.com/Casey K. Bishop; Kapitel 105: Hans-Georg Wende; Kapitel 106: Stefan Schaub; Kapitel 111: Alejandro Arteaga

Danksagung

Wir bedanken uns bei allen Menschen, die im Rahmen ihres Hobbys und/oder ihrer Arbeit bei Organisationen, Institutionen oder Vereinen sich für den Schutz, die Erforschung und die Erhaltung bedrohter Schildkröten, Krokodile, Echsen und Schlangen einsetzen. Insbesondere danken wir der Katala Foundation Inc., Turtle Survival Alliance (TSA), Turtle Foundation, Angkor Centre for Conservation of Biodiversity (ACCB) at Kbal Spean, Cambodia, Stiftung Artenschutz, Turtle Conservation Centre (TCC) im Cuc Phuong National Park, Vietnam, der Reptile Taxon Advisory Group der EAZA und der Zoologischen Gesellschaft für Arten- und Populationsschutz e.V. (ZGAP), für deren herpetologische Artenschutzprojekte wir unser Honorar zur Verfügung stellen.

Wir danken der Auffangstation für Reptilien München e.V., Crocodiles of the World und den Zoos in Chester, Duisburg, Dortmund, Dresden, Köln, Krefeld, Prag und Zürich sowie dem Tropen-Aquarium Hagenbeck in Hamburg, der Zoologischen Gesellschaft London, dem Tierpark Nordhorn und dem Haus des Meeres in Wien, für die tolle Unterstützung. Dem Team des Aquazoo Löbbecke Museum Düsseldorf danken wir ganz herzlich für die Hilfe, ebenso wie den folgenden Personen: Christoph Andrijczuk, Alejandro Arteaga, Cornelia Bernhard, Adam Bland, Taissa Faust, Prof. Dr. Uwe Fritz, Mario Fuchs, Dr. Frank Glaw, Dr. Jens-Ove Heckel, Matthias Hendel, Gloria Jansen, Horst Juschka, Vincent Kleemann, Dr. Tobias Kohl, Simone Karlowski, Kriton Kunz, Dr. Axel Kwet, Anne Jendretzki, Dirk Loddenkemper, Dr. Heike Maisch, Rosanna Mangione, Marc Meßing, Beate Pelzer, Anna Rauhaus, Eva Ravagni, Ivan Rehák, Klaus Rudloff, Xenia Schirrmeister, Dr. Sabine Schoppe, Denise Seimet, Philipp Schroeder, Kevin Schulwitz, Dr. Arne Schulze, Bernd Siebert, Marcel Stawinoga, Dr. Benjamin Tapley, Thomas Türbl, Dr. Philipp Wagner, Heiko Werning, Dr. Guido Westhoff, Inge Winterberg und Prof. Dr. Thomas Ziegler.

Allen Fotografen, die im Fotoverzeichnis aufgeführt sind, danken wir ganz herzlich, denn ohne ihre wundervollen Fotografien wäre dieses Buch nur halb so lebendig.

Für die Umsetzung dieses Buchprojektes danken wir Ines Schmidtke, die wahrlich gezaubert hat, sowie der Lektorin Saskia Römer für den regen und produktiven Austausch. Vielen Dank dem emons-Verlag und Sonja Erdmann, dass dieses Projekt Wirklichkeit werden durfte!
Unseren Eltern Horst Juschka, Ortrun und Wilhelm Honigs danken wir von ganzem Herzen, denn ohne sie wären wir nicht die geworden, die wir heute sind! Wir danken unseren Ehepartnern Ilona Hansen und Andreas Banse, dass sie unsere tierischen Hobbys und Berufe stets unterstützen und uns für dieses gemeinsame Projekt den Rücken frei hielten.
Danke an 11.733 Schildkröten-, Krokodil-, Echsen- und Schlangen-Arten, dass es euch gibt und ihr diesen schönen Planeten noch sensationeller, bunter und erstaunlicher macht!

Sandra Honigs war bereits als Kind begeisterte Aquarianerin. Seit 2008 ist die Diplom-Biologin Stellvertretende Direktorin des Aquazoos Löbbecke Museum Düsseldorf, Leiterin der dortigen Amphibienstation und Kuratorin für alle Landtiere.

Markus Juschka war Zootierpfleger im Aquazoo Löbbecke Museum, in dem er heute als Technischer Assistent arbeitet. Privat engagiert er sich in der Vivaristischen Vereinigung e.V. für fachgerechte Tierhaltung in Privathand.